WORLD'S HARDEST KILLER SUDOKU

DJAPE

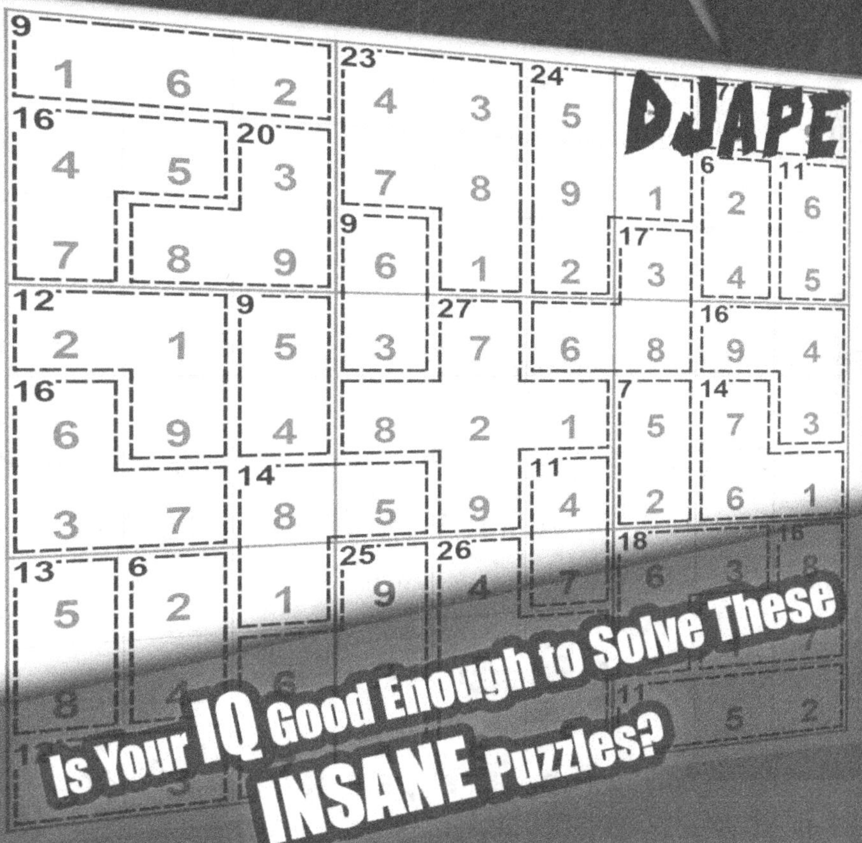

Is Your IQ Good Enough to Solve These INSANE Puzzles?

World's Hardest Killer Sudoku

© 2018 by Djape and www.djape.net

All rights reserved.

No part of this book may be reproduced, stored in a retrieval system, or transmitted in any form or by any means (including electronic, mechanical, photocopying, recording, translating into another language, or otherwise) without prior written permission from the author.

Puzzles by DJAPE

First edition: November 2018

ISBN 978-1-79024-753-0

Message from the Author:

I've listened to your requests. Finally, a book full of **IQ** Killer Sudoku puzzles and a few **INSANE. Nothing easier than that**! No other explanation needed.

This book is not for beginners.

You should already be an **expert** at solving Killer Sudoku! You wanted **fiendish** puzzles, I delivered. The ball is in your court. Or, rather, the book. And the pencil. **Play**!

Puzzle 1. LEVEL 5: IQ

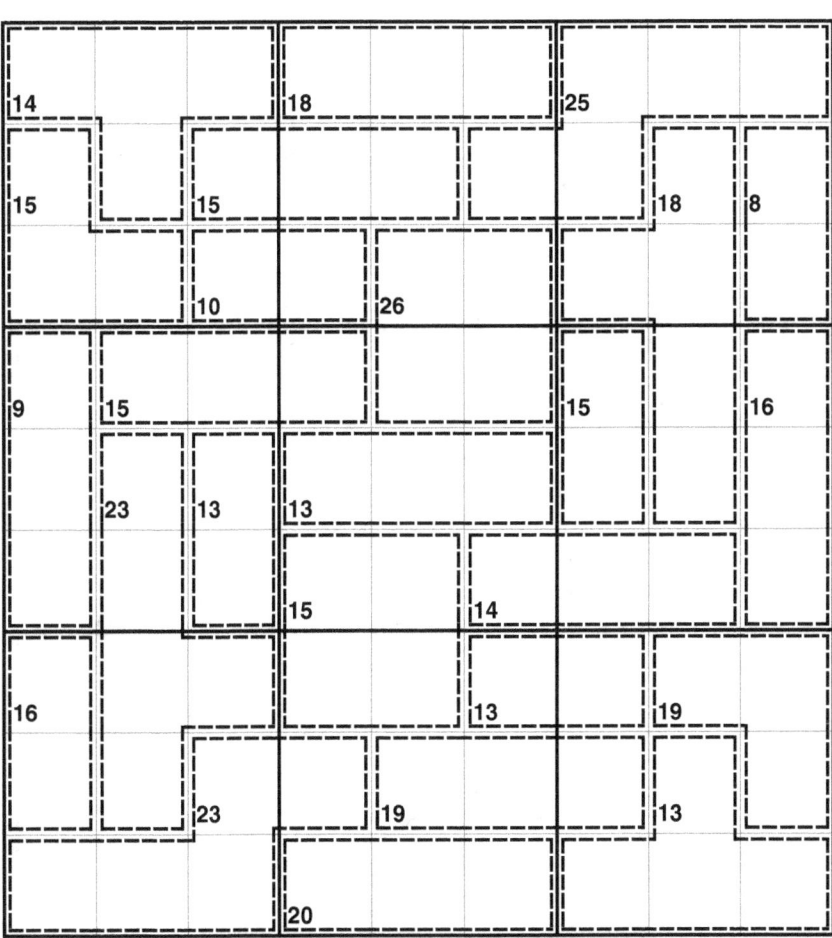

Puzzle 2. LEVEL 5: IQ

Puzzle 3. LEVEL 5: IQ

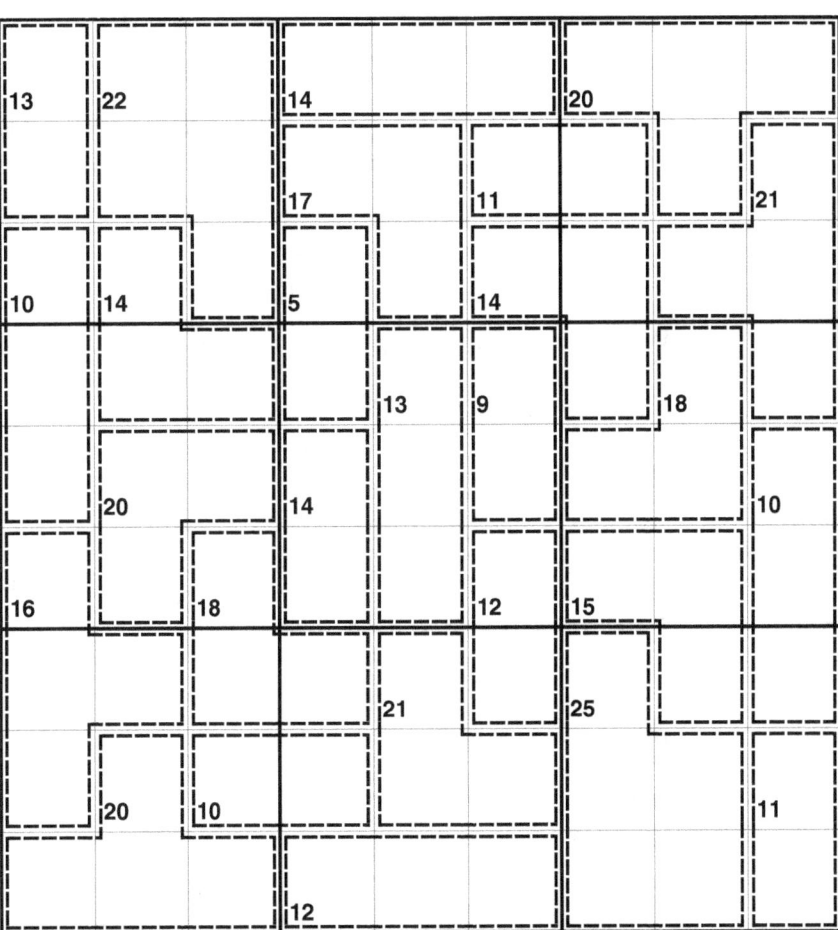

World's Hardest Killer Sudoku by www.djape.net

Puzzle 4. LEVEL 5: IQ

Puzzle 5. LEVEL 5: IQ

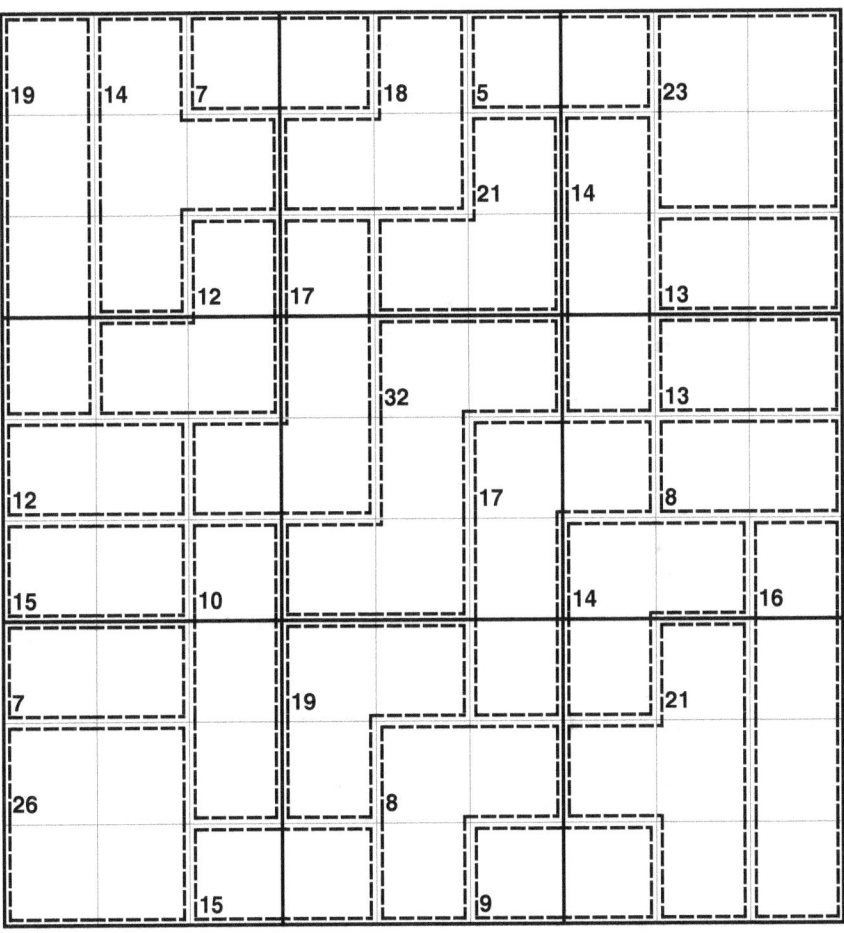

World's Hardest Killer Sudoku by www.djape.net

Puzzle 6. LEVEL 5: IQ

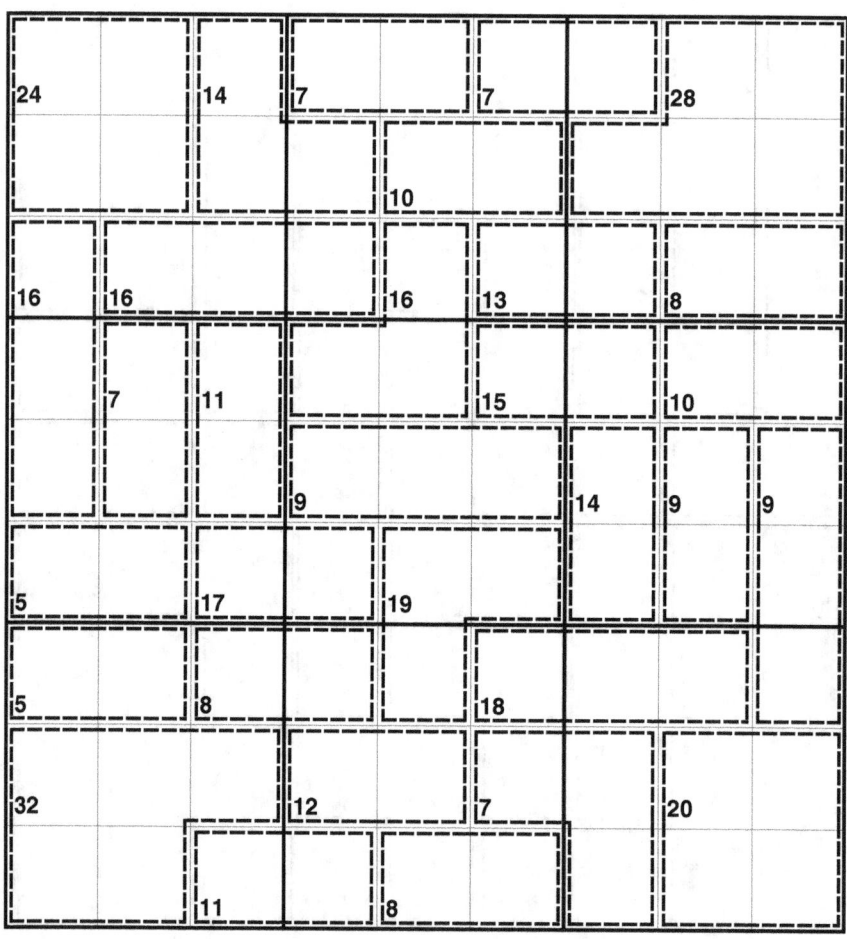

Puzzle 7. LEVEL 5: IQ

Puzzle 8. LEVEL 5: IQ

Puzzle 9. LEVEL 5: IQ

World's Hardest Killer Sudoku by www.djape.net

Puzzle 10. LEVEL 6: INSANE

Puzzle 11. LEVEL 5: IQ

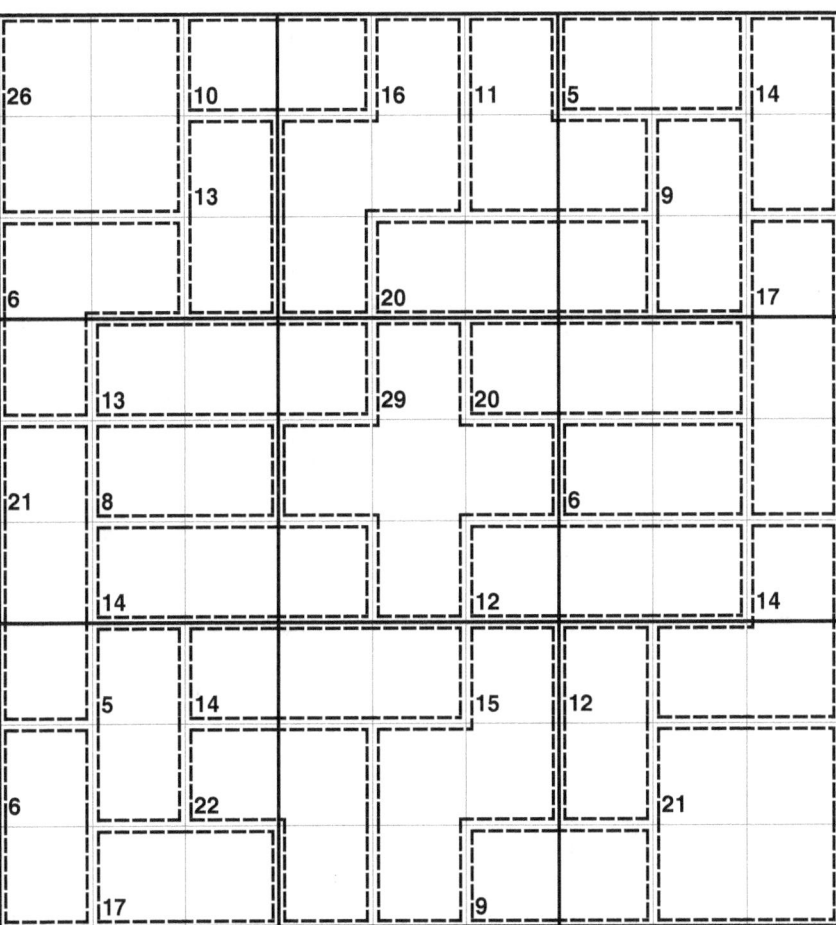

Puzzle 12. LEVEL 5: IQ

Puzzle 13. LEVEL 5: IQ

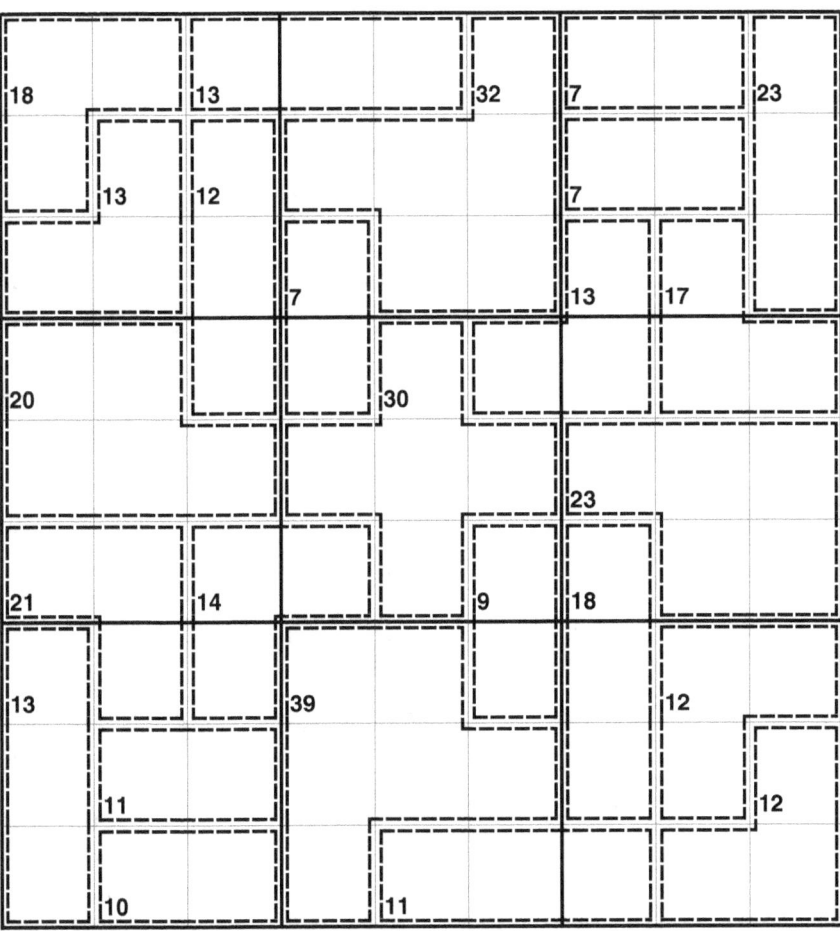

Puzzle 14. LEVEL 5: IQ

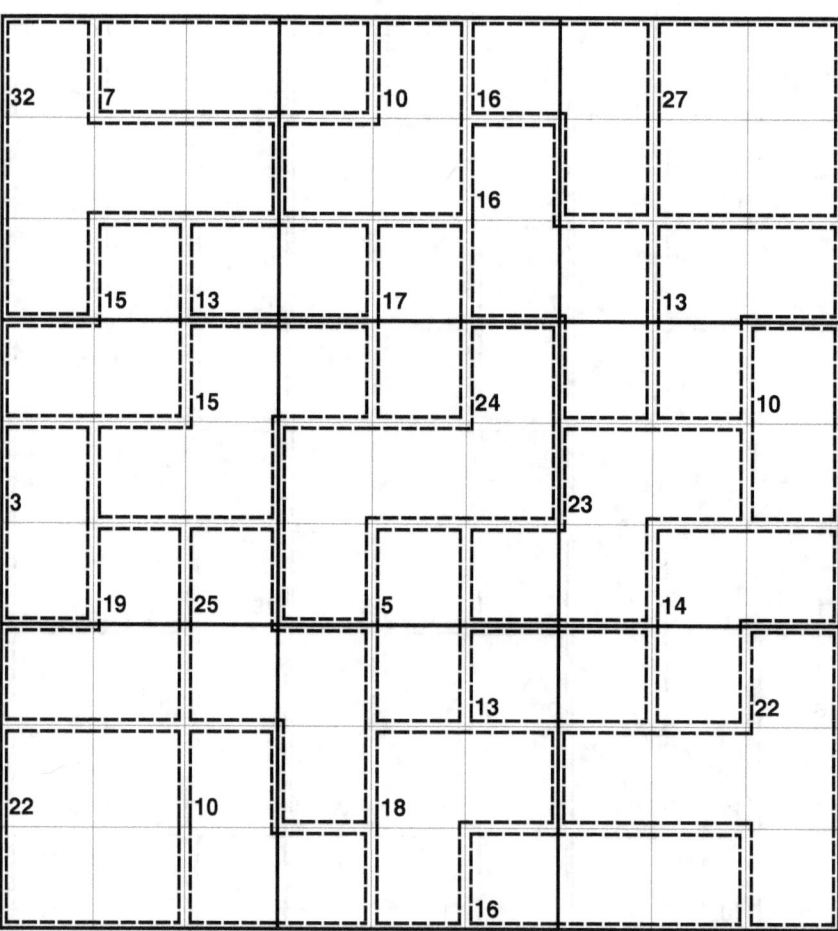

Puzzle 15. LEVEL 5: IQ

Puzzle 16. LEVEL 5: IQ

Puzzle 17. LEVEL 5: IQ

Puzzle 18. LEVEL 5: IQ

Puzzle 19. LEVEL 5: IQ

Puzzle 20. LEVEL 6: INSANE

Puzzle 21. LEVEL 5: IQ

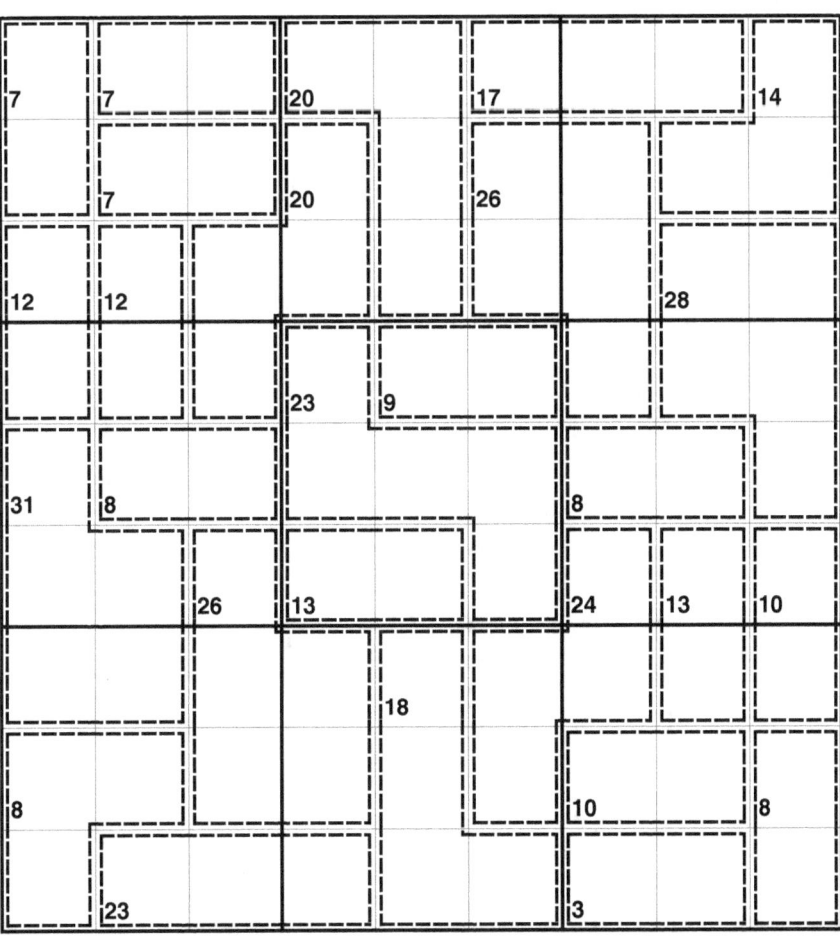

Puzzle 22. LEVEL 5: IQ

Puzzle 23. LEVEL 5: IQ

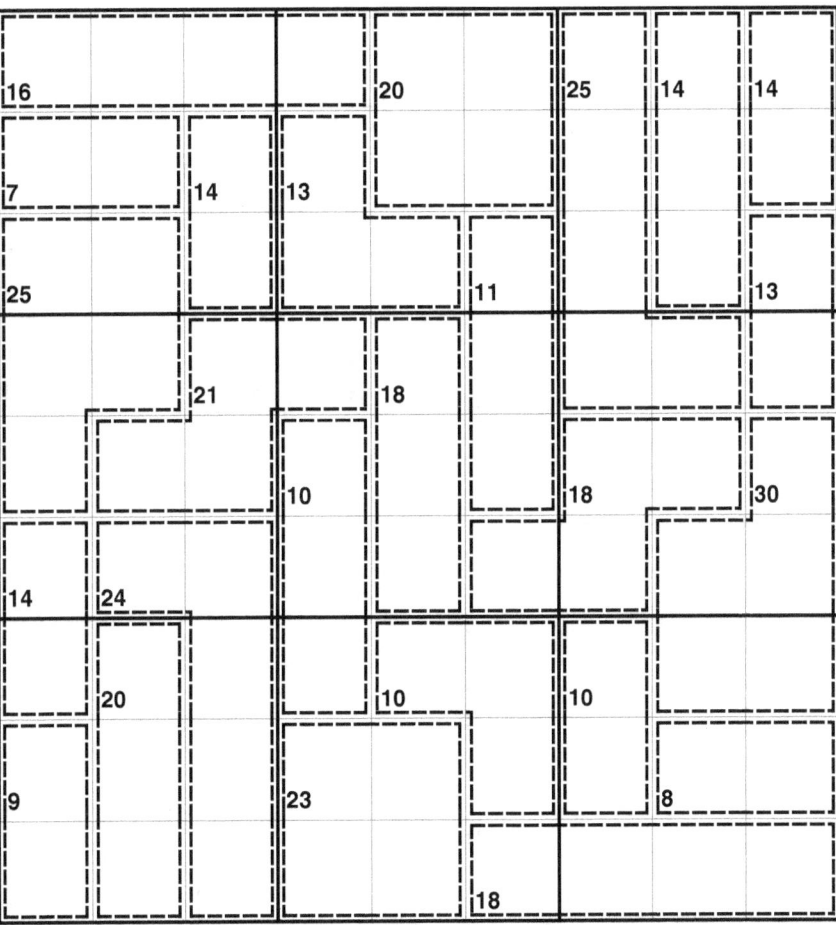

World's Hardest Killer Sudoku by www.djape.net

Puzzle 24. LEVEL 5: IQ

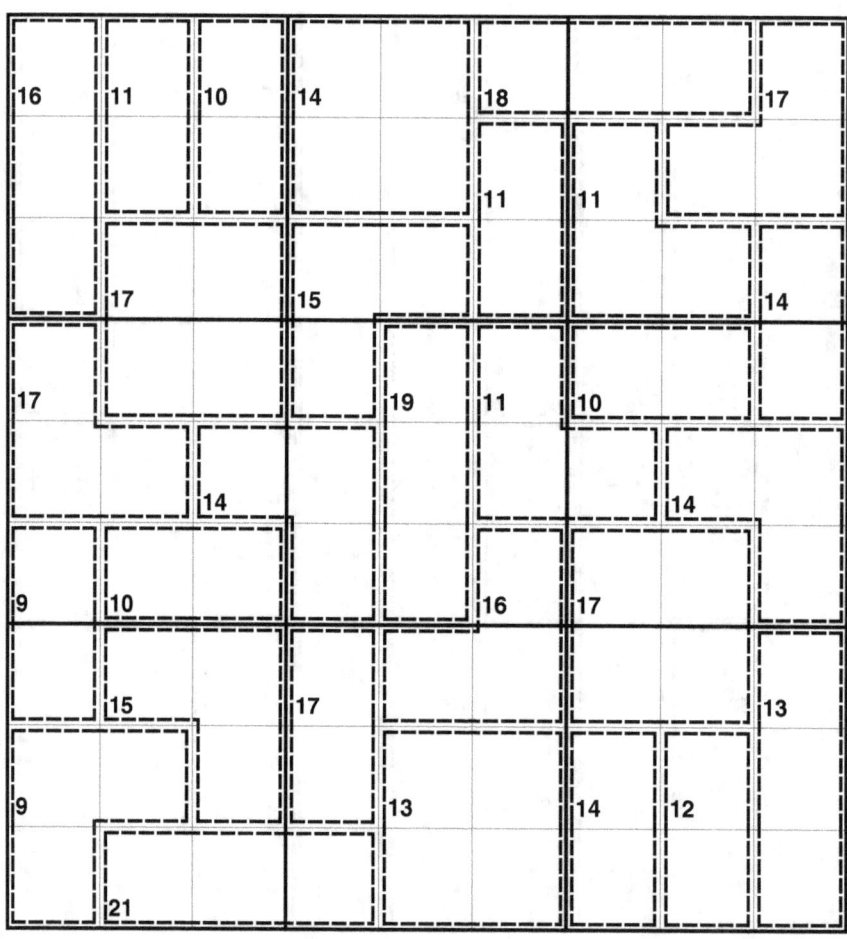

Puzzle 25. LEVEL 5: IQ

Puzzle 26. LEVEL 5: IQ

World's Hardest Killer Sudoku by www.djape.net

Puzzle 27. LEVEL 5: IQ

World's Hardest Killer Sudoku by www.djape.net

Puzzle 28. LEVEL 5: IQ

Puzzle 29. LEVEL 5: IQ

World's Hardest Killer Sudoku by www.djape.net

Puzzle 30. LEVEL 6: INSANE

Puzzle 31. LEVEL 5: IQ

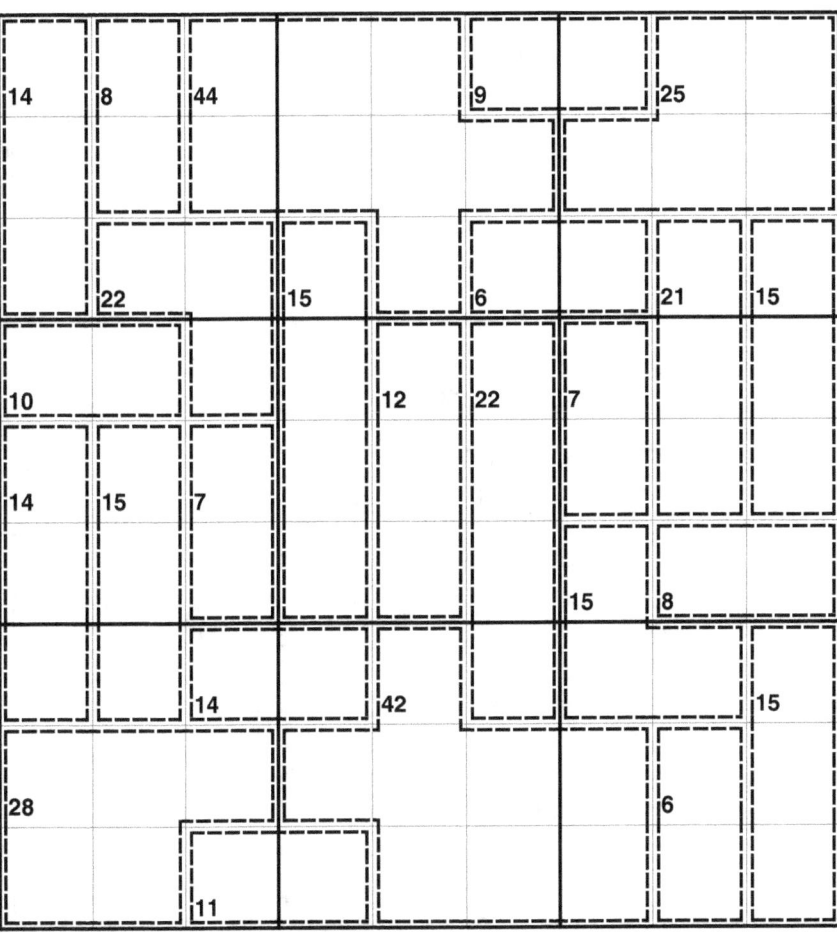

Puzzle 32. LEVEL 5: IQ

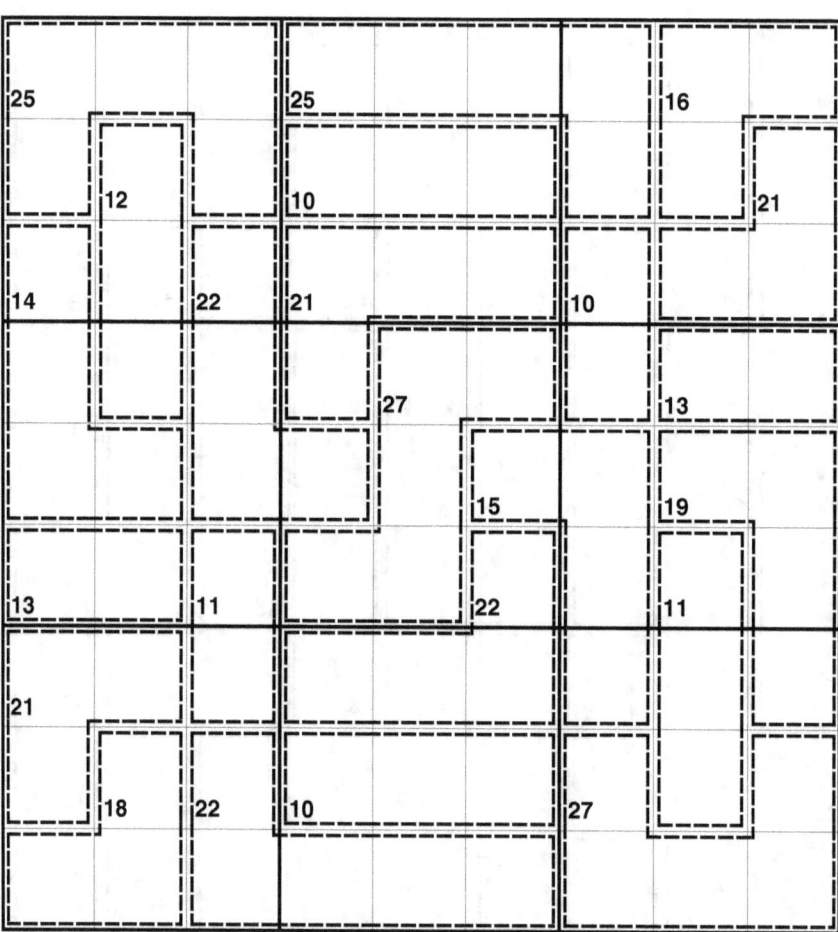

World's Hardest Killer Sudoku by www.djape.net

Puzzle 33. LEVEL 5: IQ

World's Hardest Killer Sudoku by www.djape.net

Puzzle 34. LEVEL 5: IQ

Puzzle 35. LEVEL 5: IQ

Puzzle 36. LEVEL 5: IQ

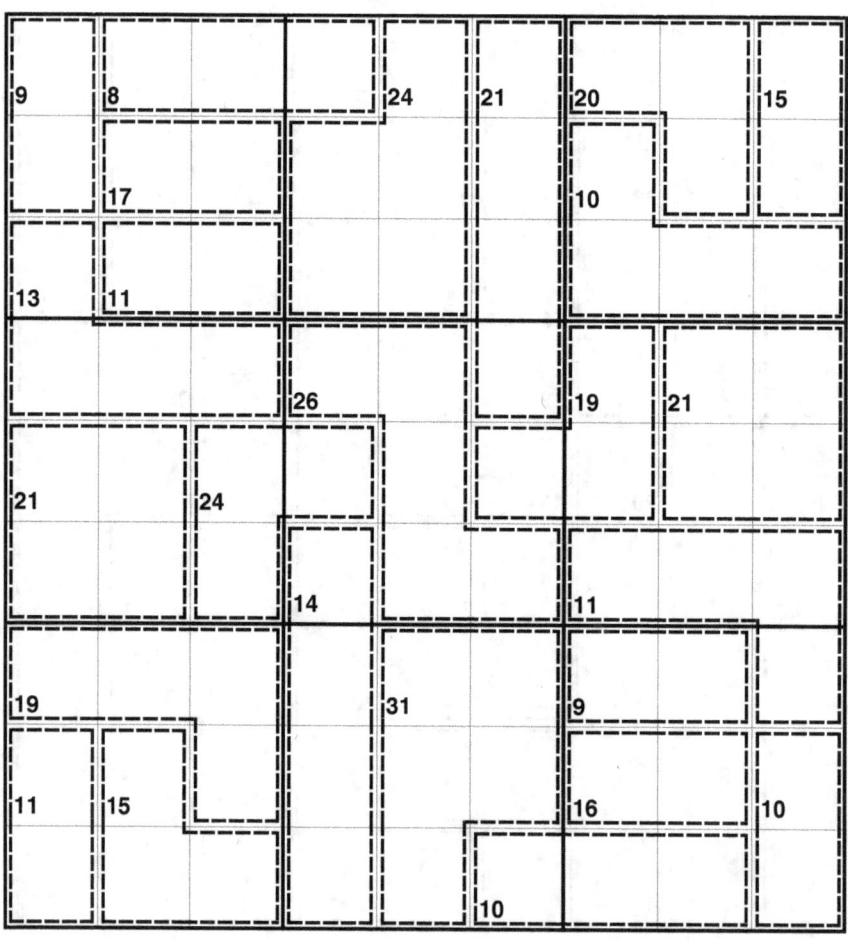

Puzzle 37. LEVEL 5: IQ

Puzzle 38. LEVEL 5: IQ

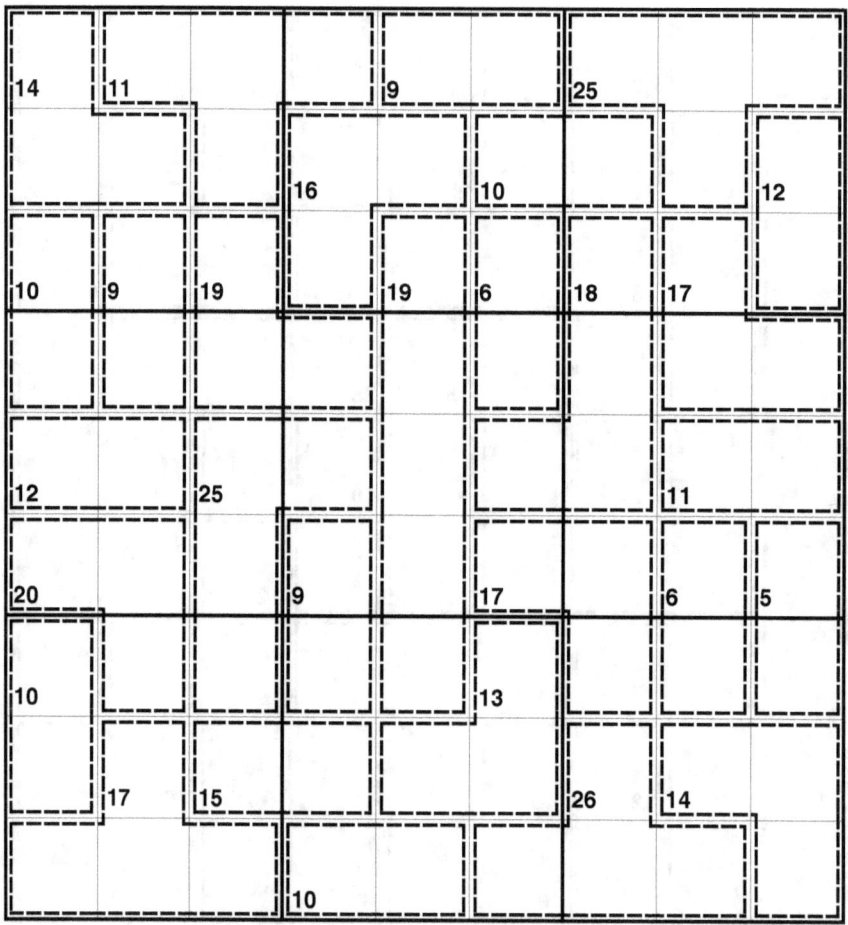

Puzzle 39. LEVEL 5: IQ

World's Hardest Killer Sudoku by www.djape.net

Puzzle 40. LEVEL 6: INSANE

Puzzle 41. LEVEL 5: IQ

Puzzle 42. LEVEL 5: IQ

World's Hardest Killer Sudoku by www.djape.net

Puzzle 43. LEVEL 5: IQ

Puzzle 44. LEVEL 5: IQ

Puzzle 45. LEVEL 5: IQ

World's Hardest Killer Sudoku by www.djape.net

Puzzle 46. LEVEL 5: IQ

Puzzle 47. LEVEL 5: IQ

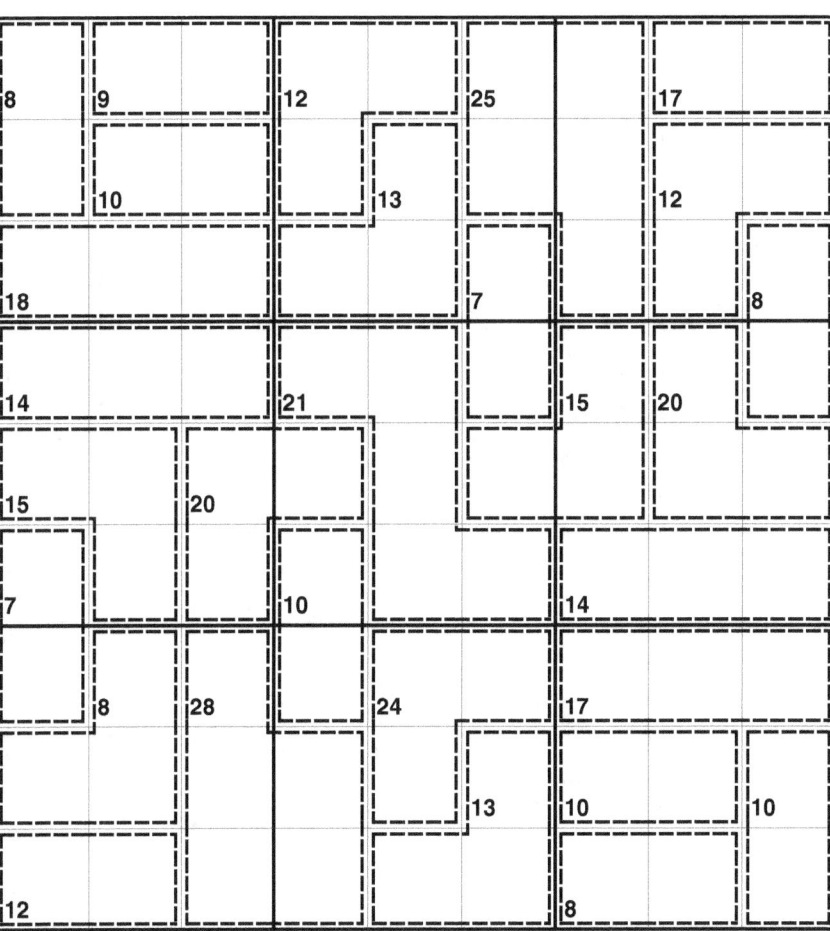

Puzzle 48. LEVEL 5: IQ

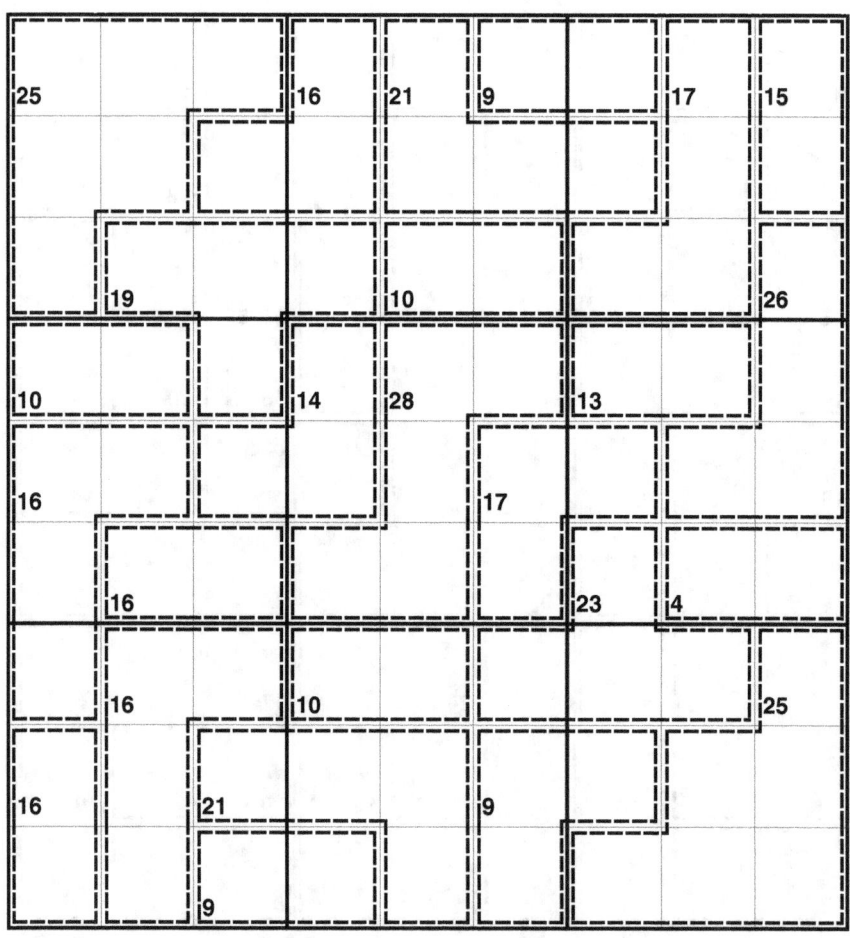

Puzzle 49. LEVEL 5: IQ

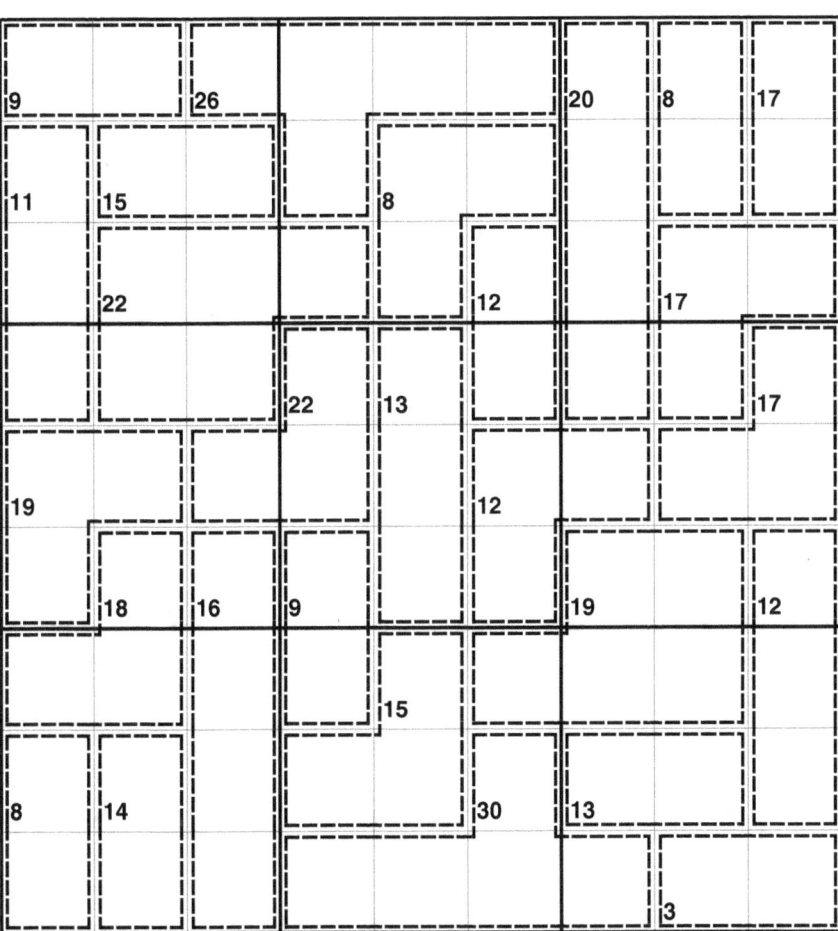

World's Hardest Killer Sudoku by www.djape.net

Puzzle 50. LEVEL 6: INSANE

Puzzle 51. LEVEL 5: IQ

World's Hardest Killer Sudoku by www.djape.net

Puzzle 52. LEVEL 5: IQ

Puzzle 53. LEVEL 5: IQ

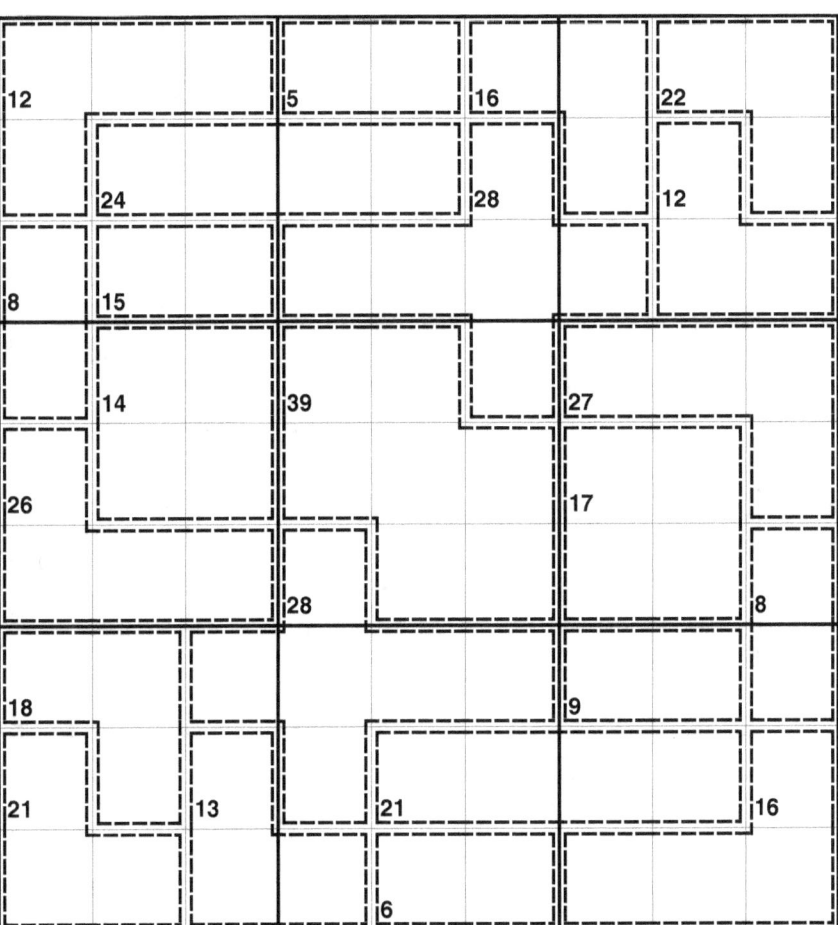

Puzzle 54. LEVEL 5: IQ

Puzzle 55. LEVEL 5: IQ

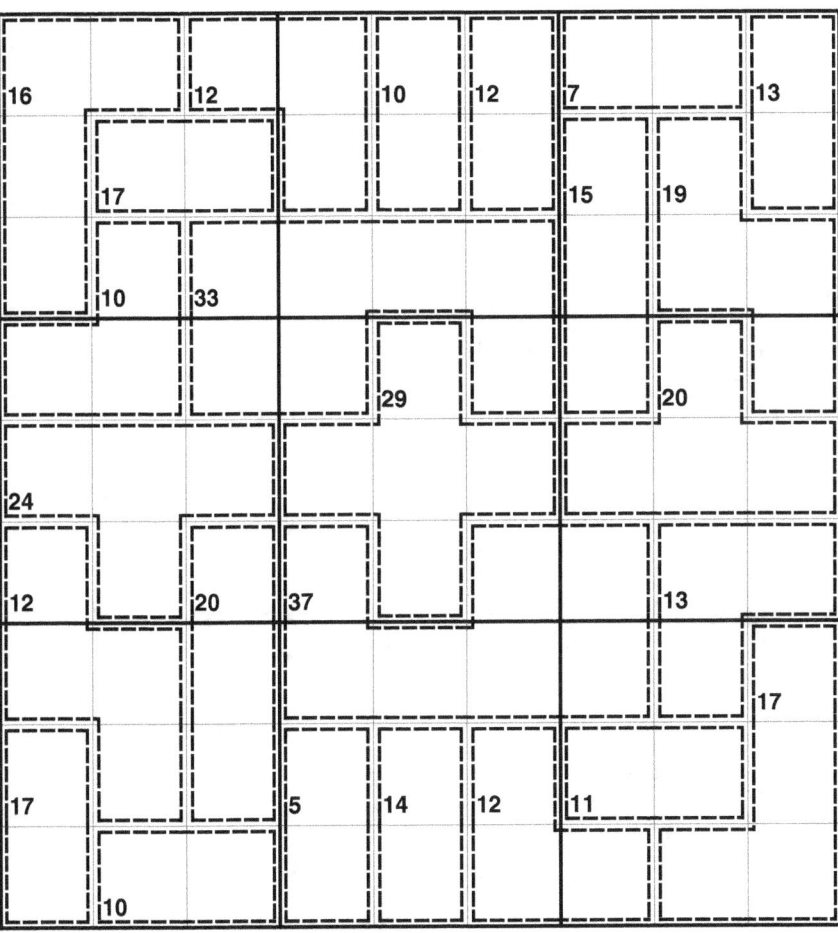

Puzzle 56. LEVEL 5: IQ

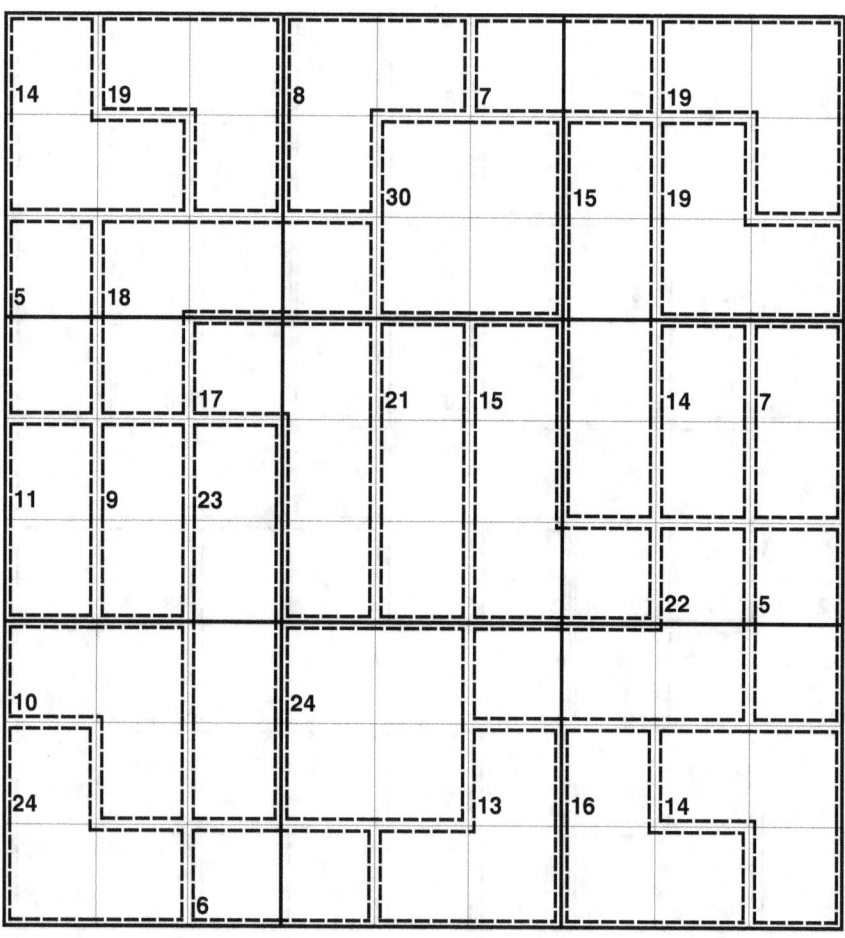

World's Hardest Killer Sudoku by www.djape.net

Puzzle 57. LEVEL 5: IQ

World's Hardest Killer Sudoku by www.djape.net

Puzzle 58. LEVEL 5: IQ

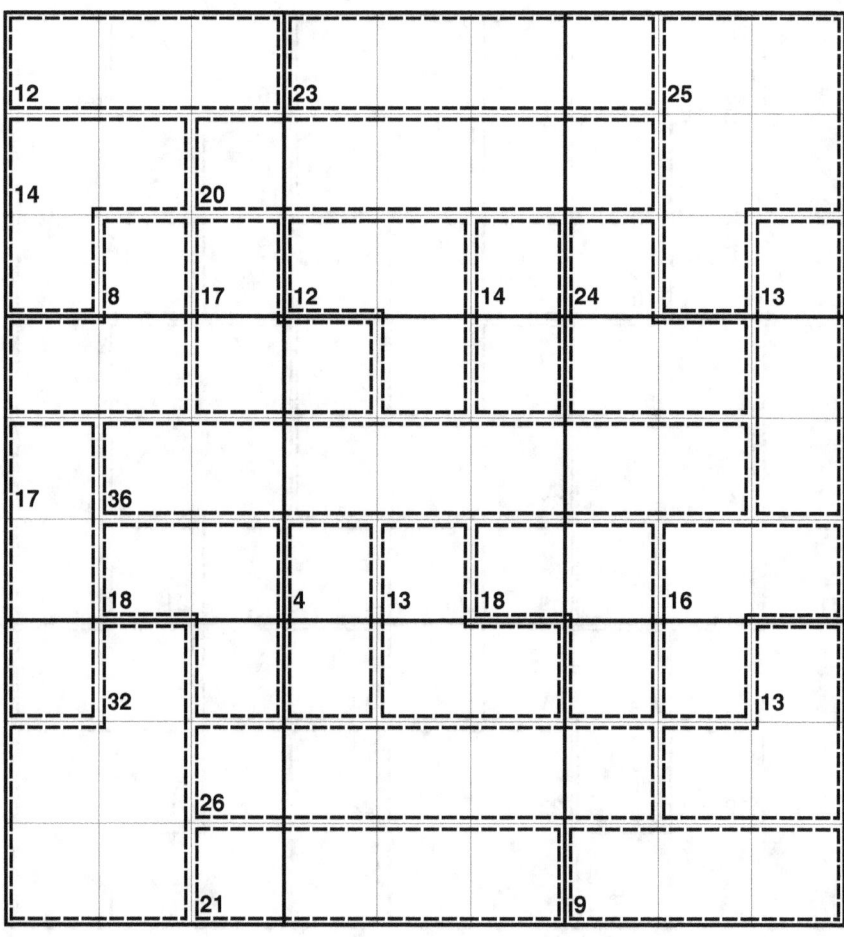

Puzzle 59. LEVEL 5: IQ

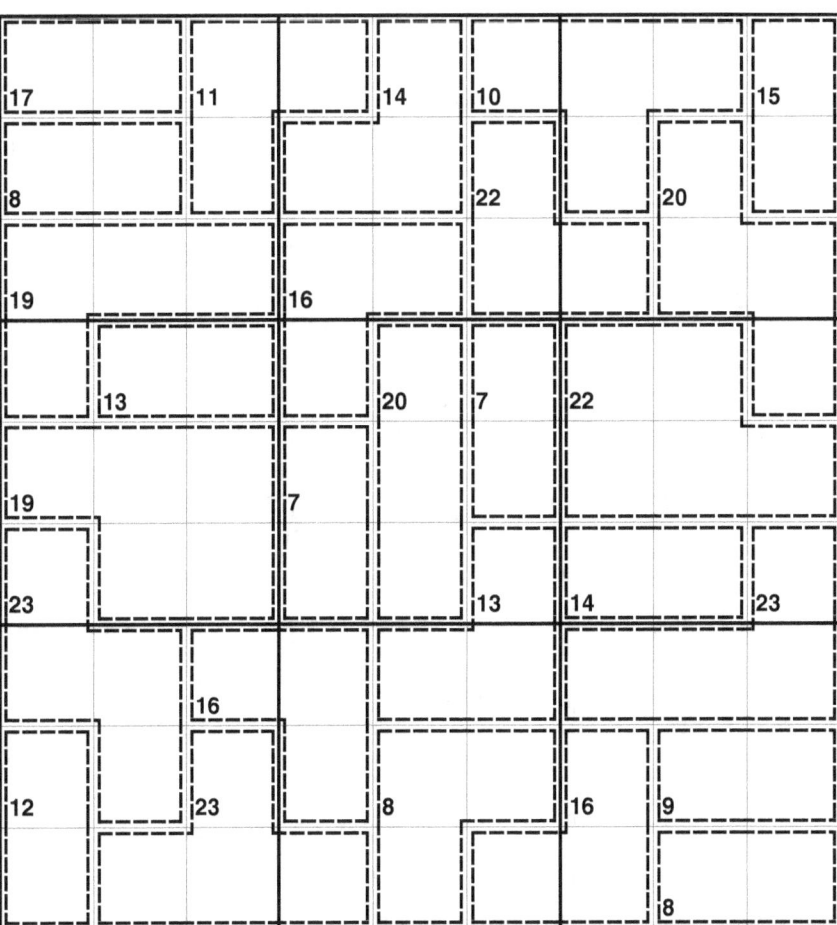

World's Hardest Killer Sudoku by www.djape.net

Puzzle 60. LEVEL 6: INSANE

Puzzle 61. LEVEL 5: IQ

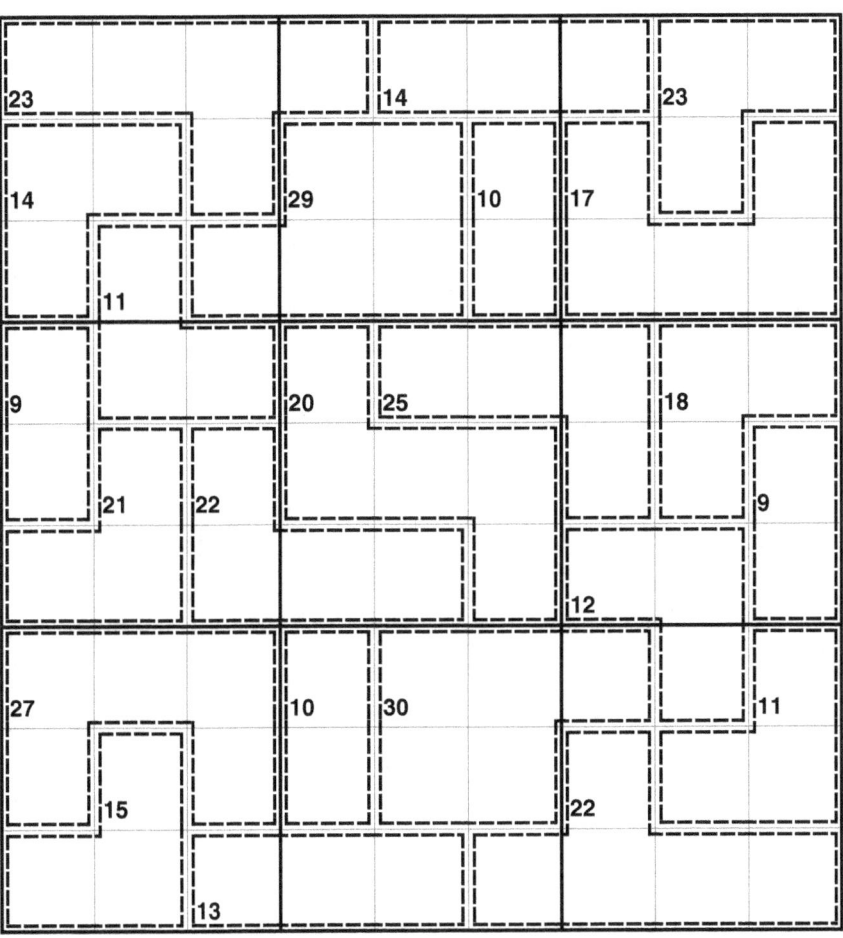

Puzzle 62. LEVEL 5: IQ

Puzzle 63. LEVEL 5: IQ

Puzzle 64. LEVEL 5: IQ

Puzzle 65. LEVEL 5: IQ

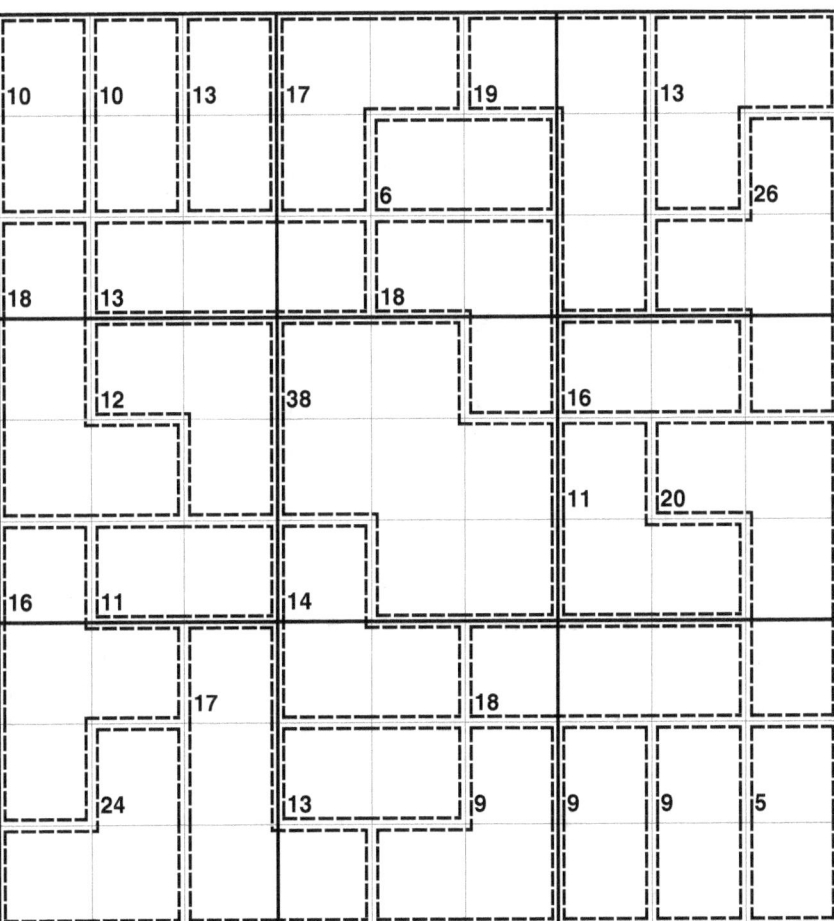

Puzzle 66. LEVEL 5: IQ

World's Hardest Killer Sudoku by www.djape.net

Puzzle 67. LEVEL 5: IQ

Puzzle 68. LEVEL 5: IQ

Puzzle 69. LEVEL 5: IQ

World's Hardest Killer Sudoku by www.djape.net

Puzzle 70. LEVEL 6: INSANE

Puzzle 71. LEVEL 5: IQ

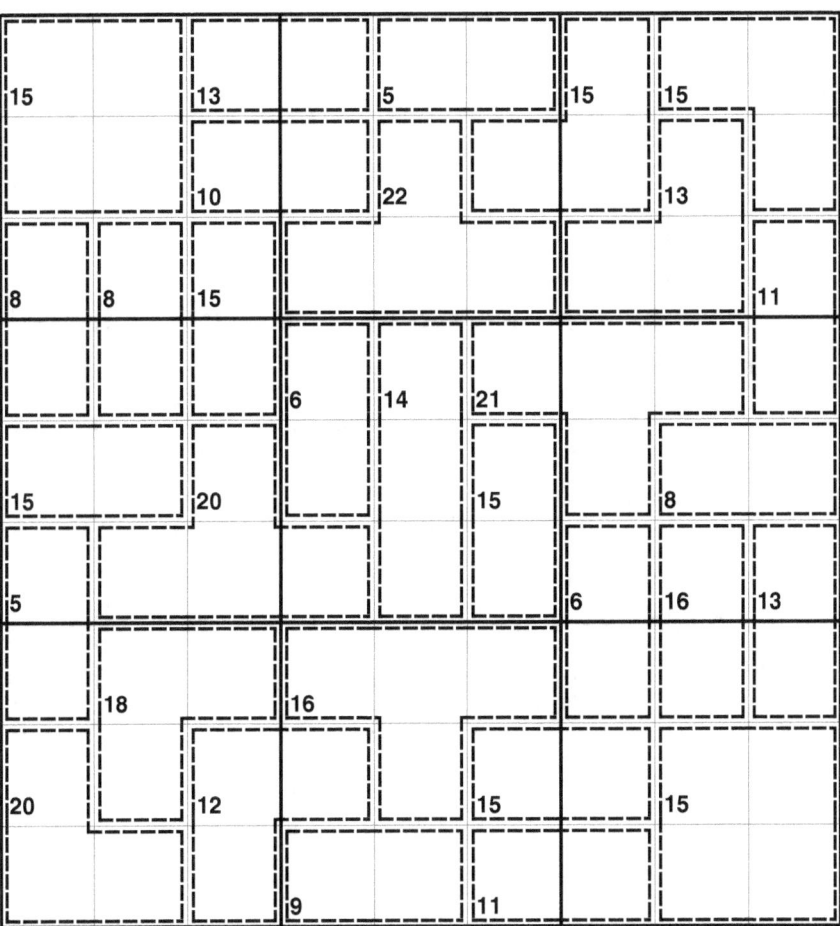

World's Hardest Killer Sudoku by www.djape.net

Puzzle 72. LEVEL 5: IQ

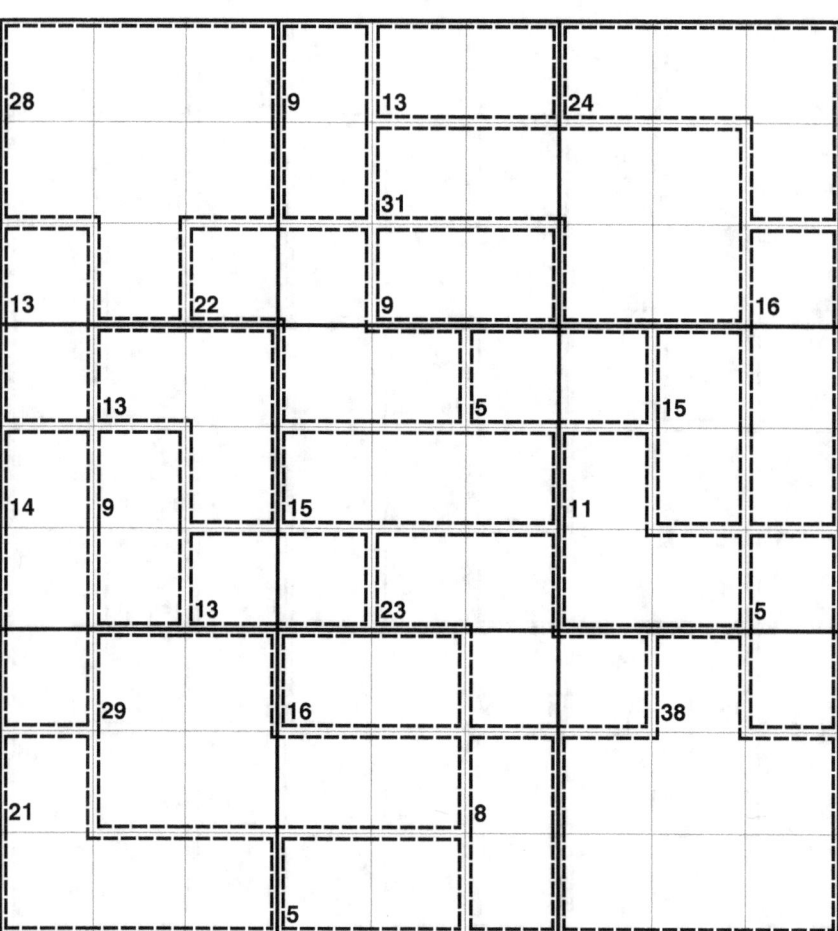

Puzzle 73. LEVEL 5: IQ

Puzzle 74. LEVEL 5: IQ

World's Hardest Killer Sudoku by www.djape.net

Puzzle 75. LEVEL 5: IQ

Puzzle 76. LEVEL 5: IQ

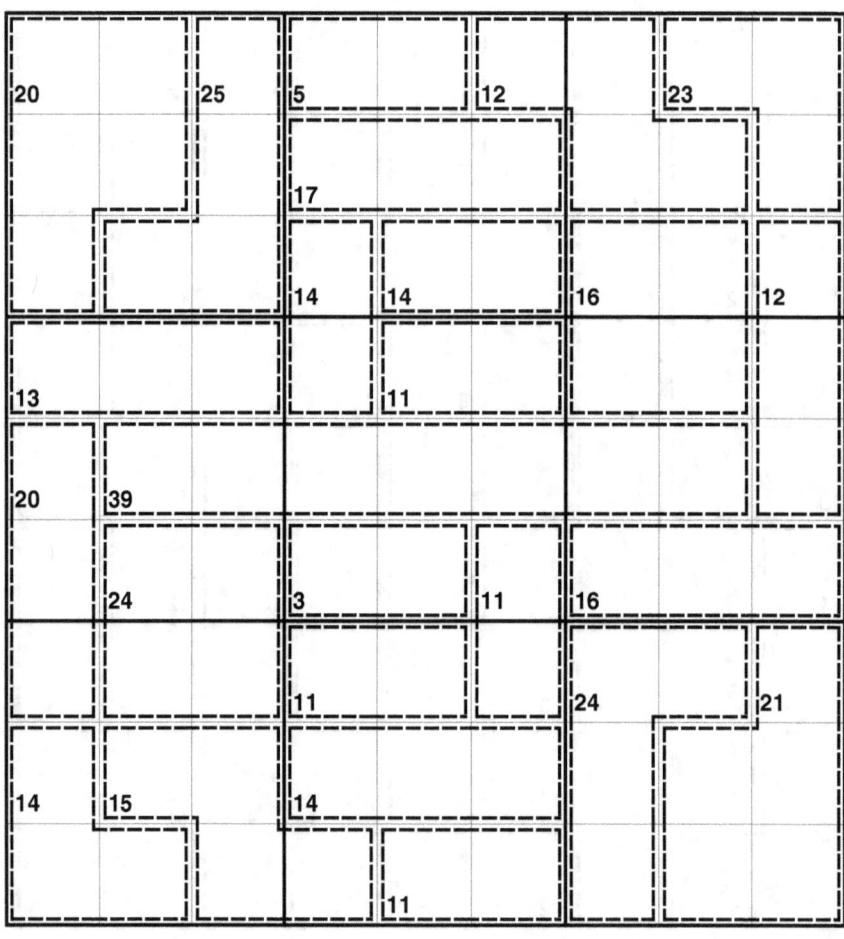

Puzzle 77. LEVEL 5: IQ

Puzzle 78. LEVEL 5: IQ

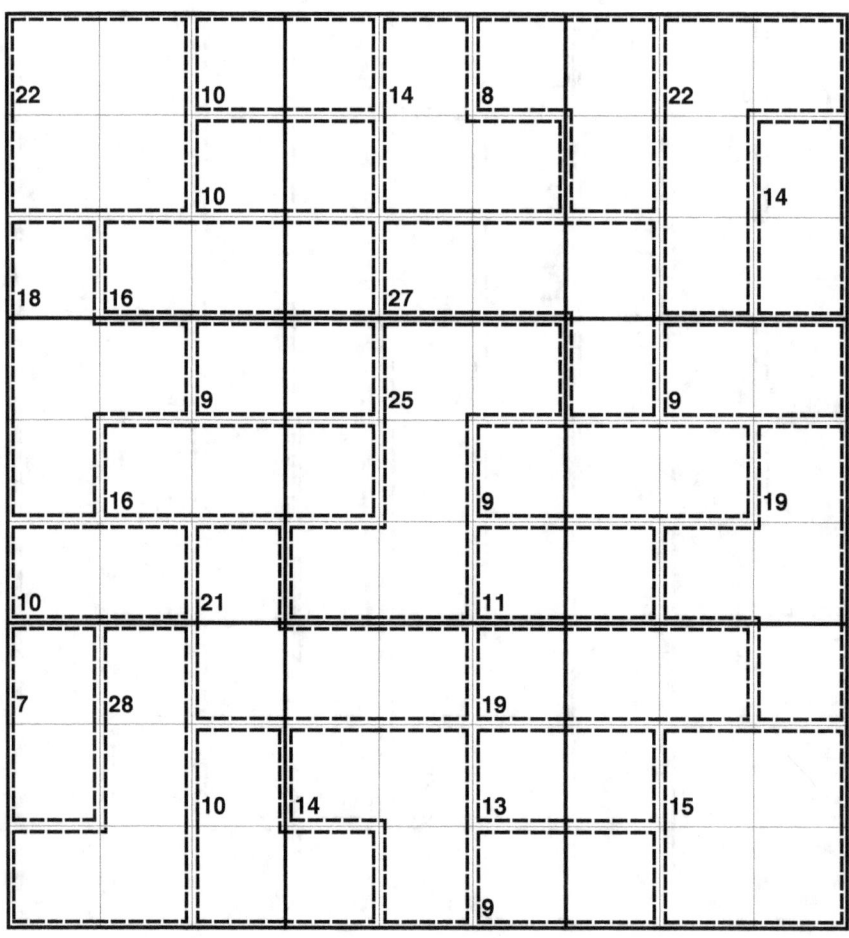

Puzzle 79. LEVEL 5: IQ

Puzzle 80. LEVEL 6: INSANE

Puzzle 81. LEVEL 5: IQ

World's Hardest Killer Sudoku by www.djape.net

Puzzle 82. LEVEL 5: IQ

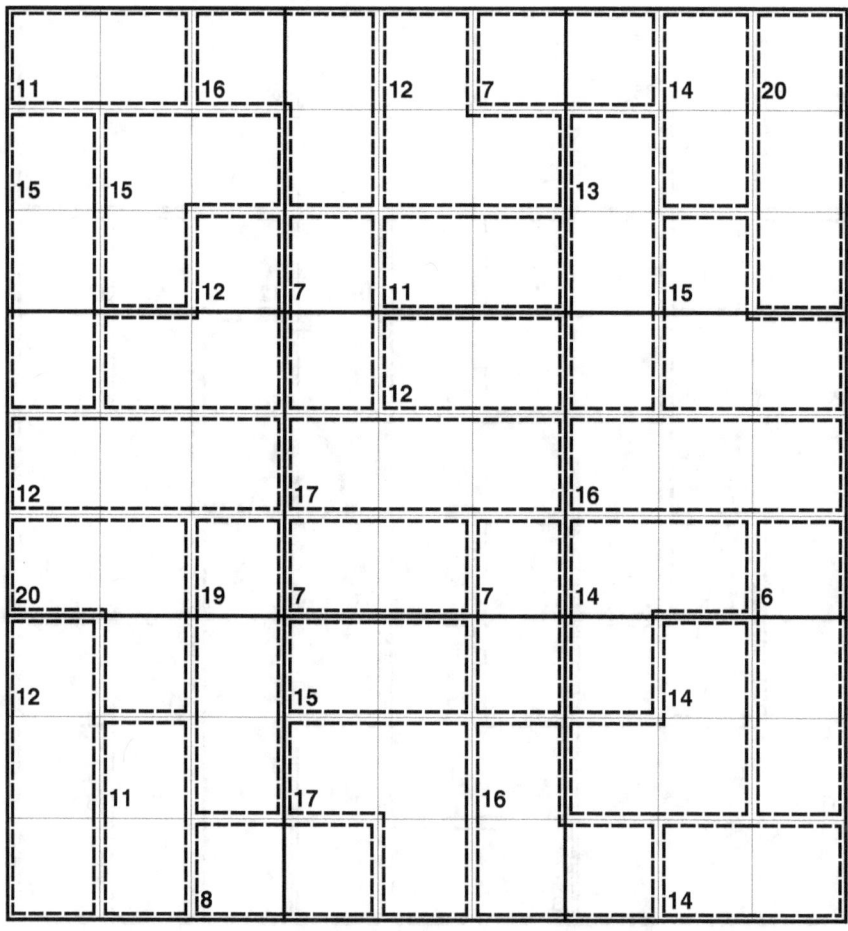

Puzzle 83. LEVEL 5: IQ

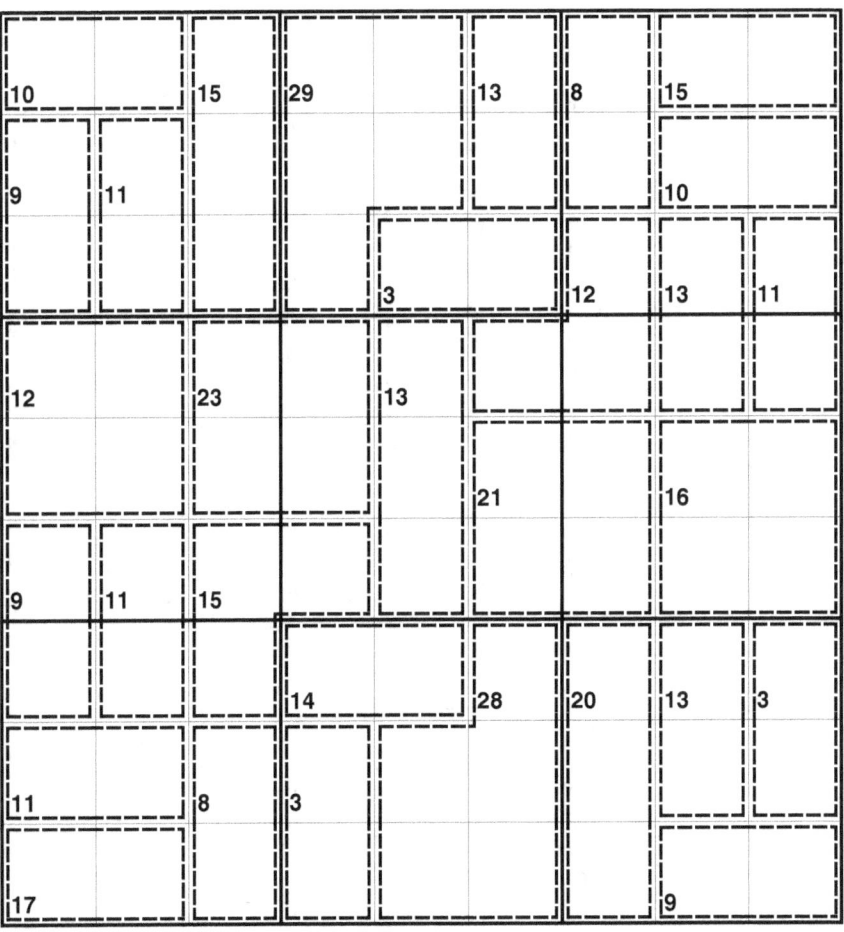

World's Hardest Killer Sudoku by www.djape.net

Puzzle 84. LEVEL 5: IQ

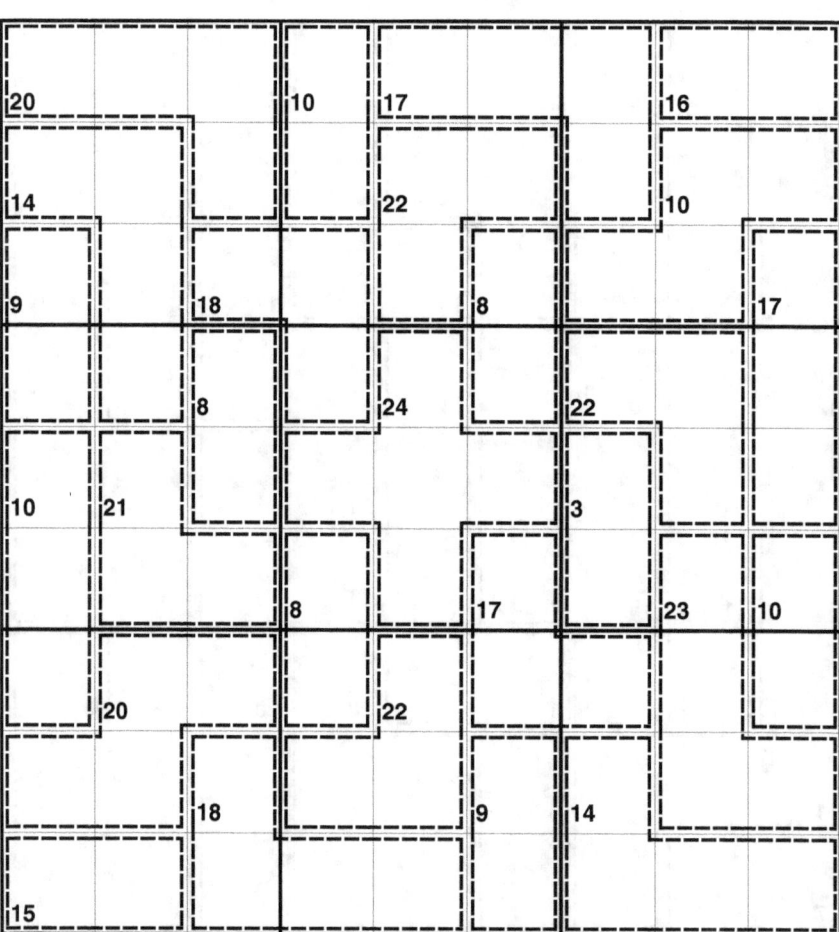

Puzzle 85. LEVEL 5: IQ

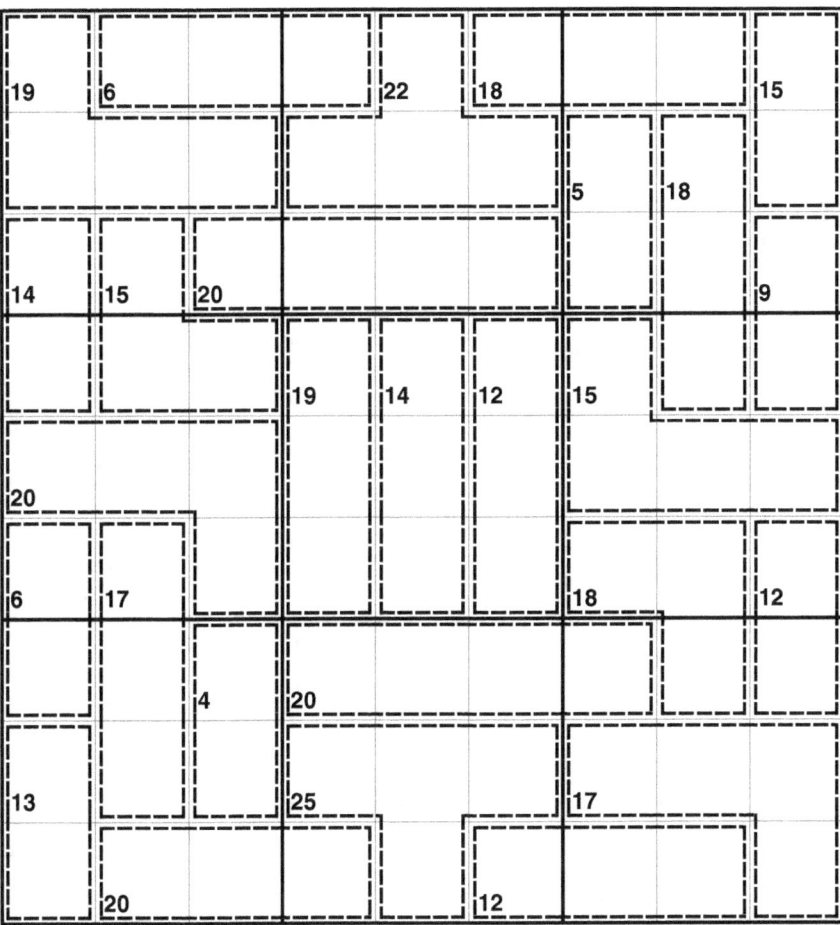

Puzzle 86. LEVEL 5: IQ

World's Hardest Killer Sudoku by www.djape.net

Puzzle 87. LEVEL 5: IQ

World's Hardest Killer Sudoku by www.djape.net

Puzzle 88. LEVEL 5: IQ

Puzzle 89. LEVEL 5: IQ

World's Hardest Killer Sudoku by www.djape.net

Puzzle 90. LEVEL 6: INSANE

Puzzle 91. LEVEL 5: IQ

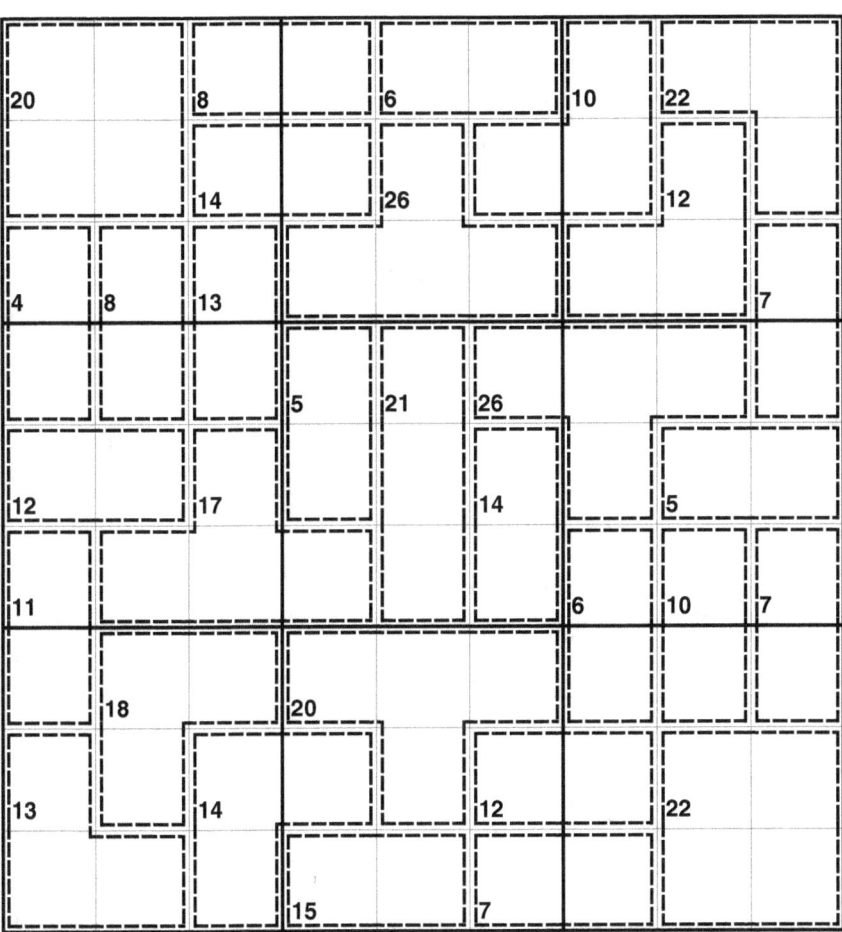

Puzzle 92. LEVEL 5: IQ

Puzzle 93. LEVEL 5: IQ

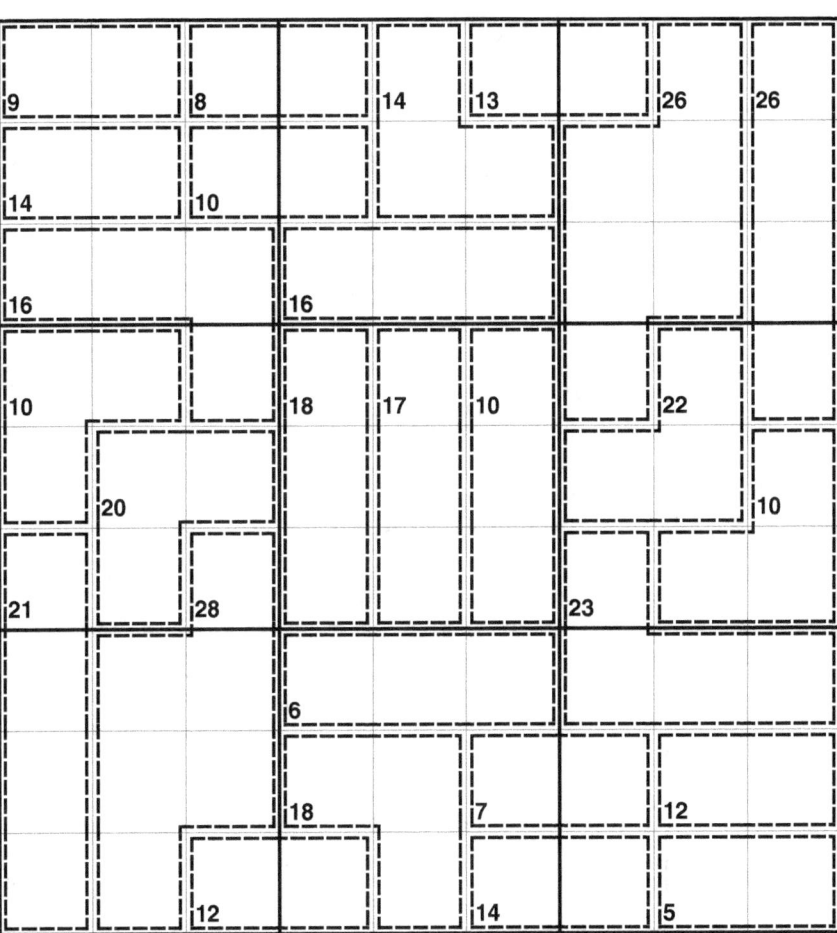

Puzzle 94. LEVEL 5: IQ

Puzzle 95. LEVEL 5: IQ

Puzzle 96. LEVEL 5: IQ

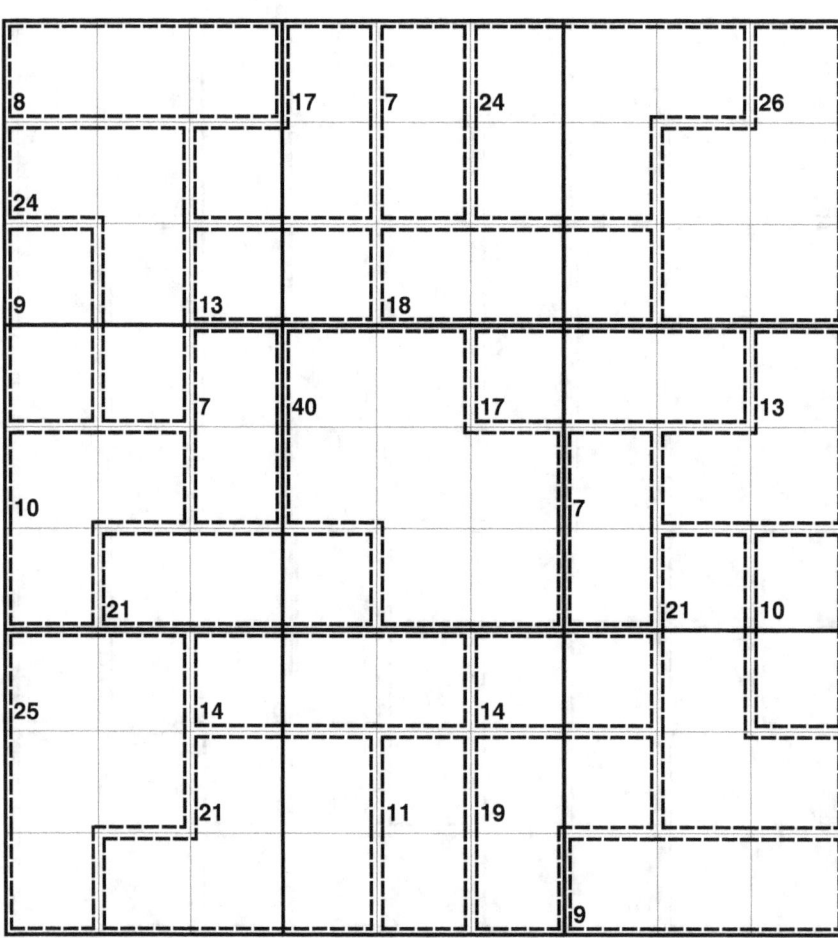

Puzzle 97. LEVEL 5: IQ

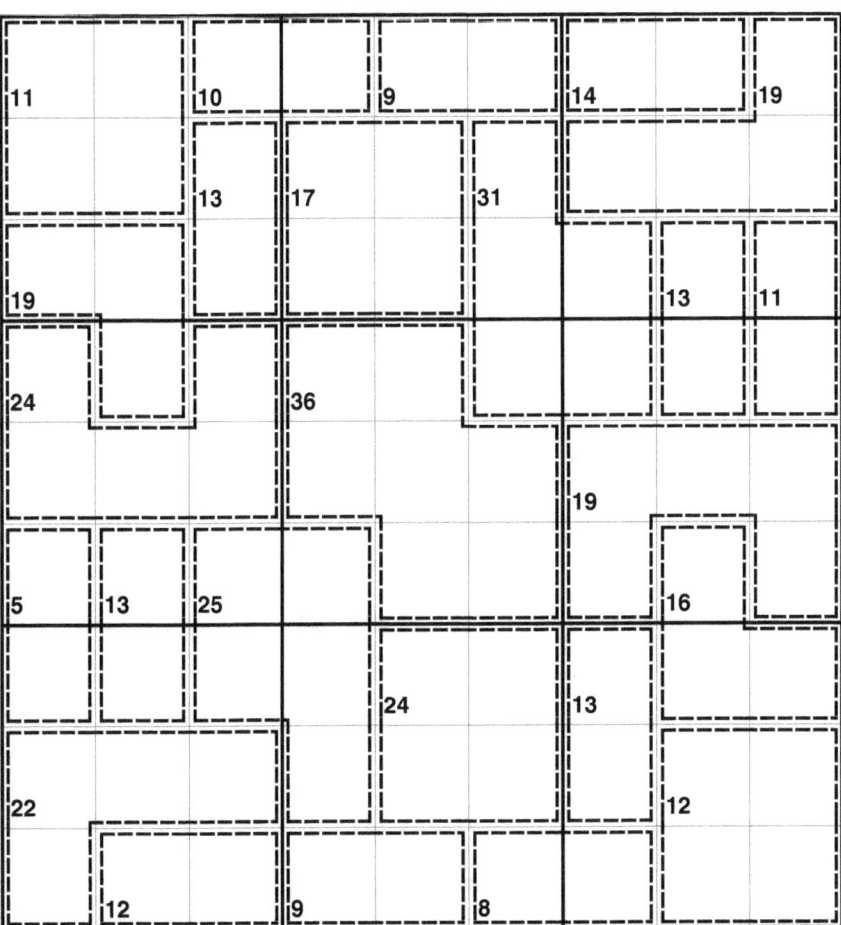

Puzzle 98. LEVEL 5: IQ

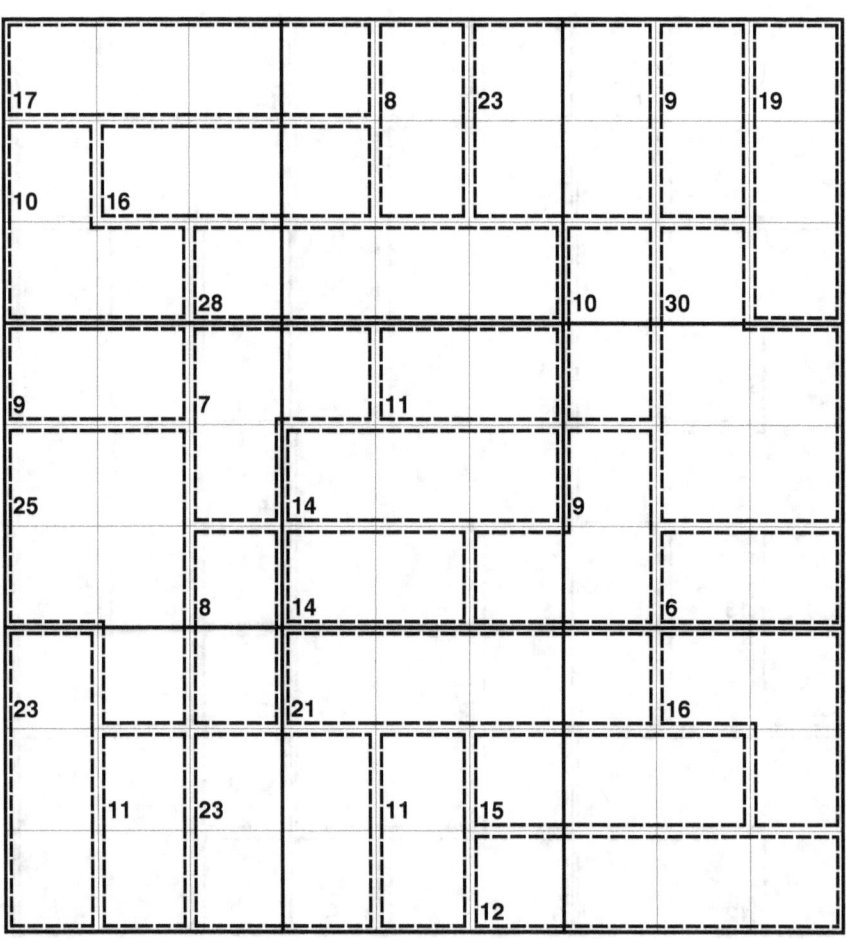

World's Hardest Killer Sudoku by www.djape.net

Puzzle 99. LEVEL 5: IQ

Puzzle 100. LEVEL 6: INSANE

World's Hardest Killer Sudoku by www.djape.net

1.

3	1	2	5	6	7	4	8	9
5	8	9	4	2	1	3	6	7
4	6	7	3	8	9	2	5	1
6	3	4	8	7	2	9	1	5
2	7	5	9	1	3	6	4	8
1	9	8	6	4	5	7	2	3
7	4	1	2	3	8	5	9	6
9	2	3	1	5	6	8	7	4
8	5	6	7	9	4	1	3	2

2.

5	4	3	6	1	7	2	8	9
6	2	7	5	8	9	1	3	4
8	9	1	3	2	4	5	6	7
7	1	5	2	3	6	9	4	8
4	3	8	9	7	5	6	1	2
2	6	9	8	4	1	3	7	5
3	7	4	1	5	2	8	9	6
1	5	6	4	9	8	7	2	3
9	8	2	7	6	3	4	5	1

3.

8	2	4	3	5	6	1	7	9
5	6	1	7	8	9	2	3	4
3	7	9	4	2	1	5	6	8
6	5	2	1	4	7	8	9	3
1	8	3	9	6	2	4	5	7
4	9	7	5	3	8	6	1	2
2	3	5	6	7	4	9	8	1
7	1	8	2	9	5	3	4	6
9	4	6	8	1	3	7	2	5

4.

1	2	3	6	4	5	7	8	9
6	8	9	7	3	1	4	5	2
4	5	7	2	8	9	1	3	6
2	4	1	3	5	7	6	9	8
8	3	5	9	6	4	2	7	1
9	7	6	1	2	8	3	4	5
3	9	4	5	1	2	8	6	7
5	1	8	4	7	6	9	2	3
7	6	2	8	9	3	5	1	4

5.

9	5	6	1	7	2	3	4	8
7	3	4	5	6	8	1	2	9
1	2	8	3	4	9	5	6	7
2	1	3	7	5	6	8	9	4
4	8	5	2	9	3	6	7	1
6	9	7	4	8	1	2	3	5
3	4	1	8	2	7	9	5	6
5	6	2	9	1	4	7	8	3
8	7	9	6	3	5	4	1	2

6.

7	8	1	2	5	3	4	6	9
4	5	6	7	1	9	3	2	8
2	3	9	4	6	8	5	1	7
5	1	4	8	2	6	9	7	3
9	6	7	1	3	5	8	4	2
3	2	8	9	4	7	6	5	1
1	4	3	5	8	2	7	9	6
6	7	2	3	9	4	1	8	5
8	9	5	6	7	1	2	3	4

7.

5	7	8	1	2	9	3	4	6
2	1	3	6	4	5	7	8	9
4	6	9	3	7	8	1	2	5
1	2	5	9	3	7	4	6	8
3	4	6	8	5	1	9	7	2
8	9	7	2	6	4	5	1	3
6	3	4	5	1	2	8	9	7
7	8	2	4	9	3	6	5	1
9	5	1	7	8	6	2	3	4

8.

8	5	6	3	1	4	2	7	9
4	1	7	2	8	9	3	5	6
3	2	9	5	6	7	4	1	8
5	7	2	8	4	3	9	6	1
6	3	1	7	9	2	5	8	4
9	4	8	6	5	1	7	2	3
1	6	3	4	2	5	8	9	7
2	8	4	9	7	6	1	3	5
7	9	5	1	3	8	6	4	2

9.

9	1	7	2	3	4	5	6	8
3	4	5	6	1	8	7	9	2
6	2	8	5	7	9	3	4	1
4	6	3	7	8	2	9	1	5
7	5	9	1	4	3	2	8	6
1	8	2	9	5	6	4	3	7
2	3	1	4	6	5	8	7	9
5	7	4	8	9	1	6	2	3
8	9	6	3	2	7	1	5	4

10.

4	5	3	8	7	2	1	6	9
1	6	2	4	5	9	3	7	8
7	8	9	1	6	3	5	2	4
3	4	1	6	9	7	2	8	5
6	2	8	5	3	4	9	1	7
5	9	7	2	8	1	4	3	6
2	7	4	9	1	8	6	5	3
9	3	5	7	2	6	8	4	1
8	1	6	3	4	5	7	9	2

11.

6	5	3	7	8	2	4	1	9
7	8	9	1	4	6	3	2	5
2	1	4	3	5	9	6	7	8
3	4	1	8	7	5	9	6	2
8	6	2	4	9	3	1	5	7
9	7	5	2	6	1	8	3	4
4	2	6	5	3	8	7	9	1
1	3	7	9	2	4	5	8	6
5	9	8	6	1	7	2	4	3

12.

5	3	4	7	8	9	2	6	1
9	1	2	6	3	4	5	7	8
6	7	8	2	1	5	3	4	9
7	4	6	1	2	8	9	5	3
2	5	1	3	9	6	4	8	7
3	8	9	4	5	7	6	1	2
4	2	3	8	6	1	7	9	5
8	6	5	9	7	2	1	3	4
1	9	7	5	4	3	8	2	6

World's Hardest Killer Sudoku by www.djape.net

13.

6	7	4	8	1	3	2	5	9
5	8	1	2	7	9	3	4	6
2	3	9	4	5	6	1	7	8
7	5	2	3	6	4	8	9	1
4	1	3	9	8	5	6	2	7
8	9	6	1	2	7	4	3	5
1	4	7	6	9	2	5	8	3
3	6	5	7	4	8	9	1	2
9	2	8	5	3	1	7	6	4

14.

5	1	2	4	3	6	7	8	9
7	8	9	5	2	1	3	4	6
3	4	6	7	8	9	2	1	5
6	5	3	1	9	2	4	7	8
1	7	4	8	5	3	6	9	2
2	9	8	6	4	7	1	5	3
8	2	5	3	1	4	9	6	7
4	3	7	9	6	5	8	2	1
9	6	1	2	7	8	5	3	4

15.

6	5	4	1	7	2	3	8	9
3	7	8	4	5	9	1	2	6
1	2	9	3	6	8	4	5	7
4	1	5	8	2	6	9	7	3
9	8	7	5	4	3	2	6	1
2	3	6	7	9	1	5	4	8
5	6	1	9	8	4	7	3	2
7	9	2	6	3	5	8	1	4
8	4	3	2	1	7	6	9	5

16.

3	4	2	5	7	8	1	6	9
7	8	9	1	4	6	2	3	5
5	6	1	3	2	9	4	7	8
6	1	5	7	3	2	9	8	4
2	3	7	8	9	4	5	1	6
4	9	8	6	1	5	3	2	7
8	2	3	4	5	7	6	9	1
9	7	4	2	6	1	8	5	3
1	5	6	9	8	3	7	4	2

17.

3	6	4	2	5	7	1	8	9
5	7	1	6	8	9	2	3	4
8	2	9	1	3	4	5	6	7
1	5	2	8	4	6	9	7	3
6	3	7	5	9	2	4	1	8
4	9	8	3	7	1	6	2	5
7	1	3	4	2	5	8	9	6
2	8	5	9	6	3	7	4	1
9	4	6	7	1	8	3	5	2

18.

1	4	2	5	3	6	7	8	9
6	5	3	7	8	9	1	2	4
7	8	9	1	2	4	3	5	6
2	6	1	4	7	3	5	9	8
8	3	4	6	9	5	2	1	7
9	7	5	2	1	8	4	6	3
3	1	6	8	4	2	9	7	5
4	2	8	9	5	7	6	3	1
5	9	7	3	6	1	8	4	2

19.

3	1	7	5	6	2	4	8	9
4	5	2	7	8	9	3	1	6
6	8	9	3	4	1	5	2	7
5	2	6	1	7	3	9	4	8
7	9	1	8	2	4	6	3	5
8	3	4	9	5	6	1	7	2
1	6	5	2	3	7	8	9	4
2	4	3	6	9	8	7	5	1
9	7	8	4	1	5	2	6	3

20.

6	7	2	3	4	5	1	8	9
3	1	4	7	8	9	5	2	6
5	8	9	6	1	2	3	4	7
7	2	5	9	3	4	8	6	1
4	3	1	8	5	6	7	9	2
8	9	6	1	2	7	4	3	5
2	5	3	4	6	1	9	7	8
1	4	7	2	9	8	6	5	3
9	6	8	5	7	3	2	1	4

21.

1	3	4	5	6	2	7	8	9
6	2	5	7	8	9	3	1	4
7	8	9	3	1	4	2	5	6
5	4	1	2	3	6	8	9	7
8	6	2	4	9	7	5	3	1
9	7	3	8	5	1	4	6	2
2	5	6	1	4	3	9	7	8
3	1	7	9	2	8	6	4	5
4	9	8	6	7	5	1	2	3

22.

3	1	6	5	2	4	7	8	9
5	4	2	7	8	9	3	1	6
7	8	9	3	6	1	4	2	5
6	2	4	1	7	3	5	9	8
8	3	7	9	5	2	1	6	4
9	5	1	6	4	8	2	3	7
1	9	5	4	3	6	8	7	2
2	7	3	8	9	5	6	4	1
4	6	8	2	1	7	9	5	3

23.

2	6	1	7	8	9	3	4	5
4	3	5	6	2	1	7	8	9
7	8	9	3	4	5	1	2	6
3	1	4	8	6	2	9	5	7
6	2	7	5	9	4	8	1	3
9	5	8	1	3	7	2	6	4
5	7	2	4	1	3	6	9	8
8	9	3	2	5	6	4	7	1
1	4	6	9	7	8	5	3	2

24.

9	5	2	4	6	7	3	8	1
4	6	8	3	1	2	5	7	9
3	7	1	5	8	9	4	2	6
5	3	6	2	7	4	9	1	8
8	4	7	1	9	5	2	6	3
2	1	9	6	3	8	7	4	5
7	8	3	9	2	6	1	5	4
1	2	4	8	5	3	6	9	7
6	9	5	7	4	1	8	3	2

World's Hardest Killer Sudoku by www.djape.net

25.

9	6	3	7	2	1	4	5	8
1	2	8	5	4	3	6	7	9
4	5	7	6	8	9	1	2	3
3	1	4	2	7	8	9	6	5
5	7	6	3	9	4	2	8	1
2	8	9	1	5	6	3	4	7
6	3	2	8	1	5	7	9	4
7	4	5	9	3	2	8	1	6
8	9	1	4	6	7	5	3	2

26.

5	6	1	7	8	9	2	3	4
3	8	9	4	1	2	5	6	7
2	4	7	3	5	6	8	1	9
6	3	4	8	2	7	1	9	5
1	2	5	6	9	3	4	7	8
7	9	8	5	4	1	3	2	6
4	1	2	9	6	5	7	8	3
9	5	3	1	7	8	6	4	2
8	7	6	2	3	4	9	5	1

27.

7	1	5	4	6	2	3	8	9
4	2	3	7	8	9	5	6	1
6	8	9	1	3	5	2	4	7
2	6	4	8	5	1	7	9	3
8	3	7	2	9	4	1	5	6
5	9	1	3	7	6	4	2	8
1	7	6	5	2	8	9	3	4
3	5	8	9	4	7	6	1	2
9	4	2	6	1	3	8	7	5

28.

8	5	3	6	7	9	1	2	4
6	7	9	4	2	1	3	5	8
1	2	4	3	5	8	6	7	9
7	1	5	2	6	4	8	9	3
2	4	6	8	9	3	5	1	7
3	9	8	5	1	7	2	4	6
4	6	2	7	3	5	9	8	1
5	8	1	9	4	6	7	3	2
9	3	7	1	8	2	4	6	5

29.

1	2	5	7	8	9	3	4	6
6	8	9	2	4	3	5	1	7
3	4	7	5	6	1	2	8	9
2	3	4	8	9	6	1	7	5
5	9	6	1	3	7	4	2	8
7	1	8	4	2	5	9	6	3
4	5	3	6	1	8	7	9	2
8	7	1	9	5	2	6	3	4
9	6	2	3	7	4	8	5	1

30.

3	5	2	8	7	9	4	6	1
4	6	7	5	2	1	3	9	8
8	9	1	3	6	4	5	2	7
7	4	5	1	9	6	8	3	2
9	3	8	2	4	5	7	1	6
2	1	6	7	3	8	9	4	5
5	8	3	4	1	2	6	7	9
6	2	4	9	5	7	1	8	3
1	7	9	6	8	3	2	5	4

31.

1	3	4	5	6	2	7	8	9
6	5	2	7	8	9	1	3	4
7	8	9	1	3	4	2	5	6
3	7	5	2	1	6	4	9	8
8	2	6	9	4	5	3	7	1
4	9	1	3	7	8	5	6	2
2	4	8	6	5	3	9	1	7
5	6	7	4	9	1	8	2	3
9	1	3	8	2	7	6	4	5

32.

3	2	4	6	7	8	1	5	9
7	8	9	5	1	4	3	2	6
5	1	6	2	3	9	4	7	8
1	3	5	7	8	2	6	9	4
2	6	7	4	9	1	5	8	3
4	9	8	3	5	6	2	1	7
8	4	3	9	2	5	7	6	1
9	7	2	1	6	3	8	4	5
6	5	1	8	4	7	9	3	2

33.

8	2	4	5	6	7	3	1	9
5	9	1	3	2	4	6	7	8
3	6	7	8	1	9	2	4	5
4	5	3	1	7	6	8	9	2
1	7	6	2	9	8	4	5	3
2	8	9	4	3	5	1	6	7
6	1	5	9	8	2	7	3	4
9	3	2	7	4	1	5	8	6
7	4	8	6	5	3	9	2	1

34.

5	3	7	6	1	8	2	4	9
4	1	9	5	2	3	6	7	8
2	6	8	4	7	9	3	1	5
6	2	3	7	8	1	9	5	4
7	8	4	3	9	5	1	2	6
1	9	5	2	4	6	7	8	3
3	5	2	1	6	4	8	9	7
8	4	1	9	3	7	5	6	2
9	7	6	8	5	2	4	3	1

35.

1	5	6	2	7	8	3	4	9
4	2	9	3	1	5	6	7	8
3	7	8	4	6	9	2	1	5
2	3	1	5	8	4	7	9	6
7	6	4	9	3	1	5	8	2
8	9	5	6	2	7	1	3	4
6	8	3	1	4	2	9	5	7
5	4	2	7	9	3	8	6	1
9	1	7	8	5	6	4	2	3

36.

2	1	3	4	5	6	7	8	9
7	8	9	3	1	2	4	5	6
4	5	6	7	8	9	1	2	3
1	3	5	8	2	4	6	9	7
6	2	7	9	3	5	8	1	4
9	4	8	1	6	7	2	3	5
5	9	4	2	7	8	3	6	1
8	6	1	5	4	3	9	7	2
3	7	2	6	9	1	5	4	8

World's Hardest Killer Sudoku by www.djape.net

37.

9	7	2	4	5	6	3	1	8
4	5	8	3	1	2	6	7	9
3	1	6	7	8	9	2	4	5
6	2	7	5	4	8	9	3	1
1	8	4	6	9	3	5	2	7
5	3	9	1	2	7	4	8	6
7	6	5	2	3	1	8	9	4
2	9	1	8	6	4	7	5	3
8	4	3	9	7	5	1	6	2

38.

7	2	1	3	5	4	6	8	9
3	4	5	6	8	9	1	2	7
6	8	9	2	7	1	3	4	5
4	1	2	8	3	5	9	7	6
5	7	6	9	1	2	4	3	8
8	9	3	4	6	7	2	5	1
9	3	7	5	2	6	8	1	4
1	6	8	7	4	3	5	9	2
2	5	4	1	9	8	7	6	3

39.

9	4	3	6	1	2	5	7	8
1	2	5	4	7	8	3	6	9
6	7	8	3	5	9	1	2	4
5	6	1	7	9	3	4	8	2
2	8	4	1	6	5	7	9	3
3	9	7	2	8	4	6	1	5
4	1	2	8	3	6	9	5	7
7	3	9	5	2	1	8	4	6
8	5	6	9	4	7	2	3	1

40.

3	6	9	8	1	7	4	2	5
4	5	2	3	6	9	1	7	8
7	1	8	4	5	2	9	6	3
9	4	3	6	7	8	5	1	2
6	2	1	5	9	3	7	8	4
5	8	7	2	4	1	3	9	6
2	7	5	9	3	6	8	4	1
8	9	4	1	2	5	6	3	7
1	3	6	7	8	4	2	5	9

41.

8	6	4	5	2	7	3	9	1
7	2	5	1	3	9	4	6	8
3	1	9	4	6	8	2	5	7
2	7	3	6	8	4	9	1	5
4	5	1	7	9	3	6	8	2
9	8	6	2	1	5	7	3	4
5	3	2	8	4	6	1	7	9
1	9	7	3	5	2	8	4	6
6	4	8	9	7	1	5	2	3

42.

8	4	1	5	3	9	2	6	7
5	6	7	2	1	4	3	8	9
3	2	9	6	7	8	4	1	5
1	5	2	7	6	3	8	9	4
6	8	3	4	9	2	7	5	1
7	9	4	8	5	1	6	2	3
4	3	6	9	2	5	1	7	8
2	1	5	3	8	7	9	4	6
9	7	8	1	4	6	5	3	2

43.

4	5	3	2	1	7	6	8	9
6	2	1	4	8	9	3	5	7
7	8	9	3	5	6	1	2	4
2	6	4	5	3	1	9	7	8
3	7	5	9	2	8	4	1	6
1	9	8	6	7	4	2	3	5
9	3	2	7	4	5	8	6	1
5	1	6	8	9	2	7	4	3
8	4	7	1	6	3	5	9	2

44.

3	7	4	6	5	8	2	1	9
2	5	6	7	1	9	3	4	8
1	8	9	3	2	4	5	6	7
6	1	5	4	7	3	8	9	2
8	2	7	9	6	1	4	5	3
4	9	3	2	8	5	6	7	1
5	4	2	8	9	7	1	3	6
7	3	8	1	4	6	9	2	5
9	6	1	5	3	2	7	8	4

45.

6	4	1	5	7	3	2	8	9
2	3	5	6	8	9	1	4	7
7	8	9	1	2	4	3	5	6
3	1	2	4	6	7	8	9	5
5	6	8	9	3	1	4	7	2
9	7	4	2	5	8	6	1	3
4	2	3	8	9	5	7	6	1
1	5	6	7	4	2	9	3	8
8	9	7	3	1	6	5	2	4

46.

2	6	3	4	5	7	8	1	9
1	4	5	6	8	9	2	3	7
7	8	9	2	3	1	4	5	6
3	1	7	5	9	2	6	8	4
9	5	6	7	4	8	3	2	1
4	2	8	1	6	3	9	7	5
5	3	1	9	2	4	7	6	8
6	9	2	8	7	5	1	4	3
8	7	4	3	1	6	5	9	2

47.

2	4	5	6	1	7	3	8	9
6	7	3	5	8	9	1	4	2
8	9	1	2	3	4	5	6	7
7	5	2	8	4	3	6	9	1
1	6	9	7	2	5	4	3	8
3	8	4	9	6	1	2	7	5
4	2	6	1	7	8	9	5	3
5	1	7	3	9	6	8	2	4
9	3	8	4	5	2	7	1	6

48.

6	4	2	5	7	8	1	3	9
5	7	8	3	1	9	4	2	6
1	3	9	2	4	6	5	7	8
2	8	5	1	9	3	7	6	4
3	1	6	7	2	4	8	9	5
4	9	7	6	8	5	2	1	3
8	2	3	4	6	7	9	5	1
7	5	4	9	3	1	6	8	2
9	6	1	8	5	2	3	4	7

World's Hardest Killer Sudoku by www.djape.net

49.

4	5	1	6	7	9	2	3	8
6	7	8	3	1	2	4	5	9
2	3	9	4	5	8	6	7	1
3	1	5	7	2	4	8	9	6
8	2	6	9	3	5	1	4	7
9	4	7	1	8	6	3	2	5
5	9	2	8	4	1	7	6	3
1	6	3	2	9	7	5	8	4
7	8	4	5	6	3	9	1	2

50.

3	2	1	6	5	4	7	8	9
6	5	9	8	7	3	2	1	4
8	7	4	9	2	1	6	5	3
4	6	7	2	3	5	1	9	8
1	3	2	4	8	9	5	7	6
9	8	5	1	6	7	3	4	2
5	9	3	7	4	2	8	6	1
7	4	6	3	1	8	9	2	5
2	1	8	5	9	6	4	3	7

51.

5	7	8	2	1	4	3	6	9
9	2	1	6	5	3	4	7	8
3	4	6	7	8	9	1	2	5
2	5	3	9	4	7	6	8	1
1	6	4	8	3	5	2	9	7
7	8	9	1	2	6	5	3	4
8	3	2	4	7	1	9	5	6
4	9	7	5	6	2	8	1	3
6	1	5	3	9	8	7	4	2

52.

5	4	6	7	1	2	3	8	9
7	2	3	6	8	9	4	5	1
8	1	9	3	4	5	2	6	7
1	8	2	4	7	6	9	3	5
3	6	4	9	5	8	1	7	2
9	7	5	1	2	3	6	4	8
2	3	7	5	6	1	8	9	4
4	9	1	8	3	7	5	2	6
6	5	8	2	9	4	7	1	3

53.

1	4	5	2	3	6	7	8	9
2	6	9	1	8	7	3	4	5
3	7	8	5	4	9	1	2	6
5	3	4	7	1	2	9	6	8
8	1	6	3	9	5	2	7	4
9	2	7	4	6	8	5	3	1
4	9	2	6	5	3	8	1	7
6	5	3	8	7	1	4	9	2
7	8	1	9	2	4	6	5	3

54.

8	4	6	2	5	3	7	1	9
7	3	5	8	9	1	2	4	6
1	2	9	4	6	7	3	5	8
5	6	7	1	8	2	4	9	3
3	8	2	7	4	9	5	6	1
9	1	4	5	3	6	8	2	7
2	5	1	6	7	8	9	3	4
4	7	3	9	1	5	6	8	2
6	9	8	3	2	4	1	7	5

55.

7	2	1	5	8	9	3	4	6
4	8	9	6	2	3	1	5	7
3	5	6	4	1	7	8	2	9
1	4	2	8	7	5	6	9	3
5	7	3	9	4	6	2	8	1
6	9	8	1	3	2	4	7	5
2	3	5	7	6	8	9	1	4
8	1	7	3	9	4	5	6	2
9	6	4	2	5	1	7	3	8

56.

8	9	7	2	1	3	4	5	6
2	4	3	5	6	9	1	7	8
1	5	6	4	7	8	2	3	9
4	3	1	7	8	2	9	6	5
5	7	9	6	4	1	3	8	2
6	2	8	3	9	5	7	1	4
3	6	4	8	2	7	5	9	1
7	1	2	9	5	6	8	4	3
9	8	5	1	3	4	6	2	7

57.

2	8	1	6	3	4	5	7	9
5	6	3	7	8	9	2	4	1
4	7	9	1	2	5	3	6	8
6	9	4	2	5	1	7	8	3
1	3	5	8	7	6	9	2	4
7	2	8	4	9	3	1	5	6
3	4	2	5	1	8	6	9	7
8	1	7	9	6	2	4	3	5
9	5	6	3	4	7	8	1	2

58.

9	1	2	5	7	8	3	4	6
4	7	8	6	1	3	2	5	9
3	5	6	2	4	9	7	1	8
1	2	4	7	6	5	8	9	3
7	3	5	8	9	1	4	6	2
8	6	9	3	2	4	5	7	1
2	4	3	1	5	6	9	8	7
5	8	1	9	3	7	6	2	4
6	9	7	4	8	2	1	3	5

59.

9	8	6	4	5	1	2	3	7
5	3	1	2	7	9	4	6	8
2	4	7	3	6	8	5	9	1
6	5	8	7	9	2	3	1	4
3	1	4	6	8	5	7	2	9
7	2	9	1	3	4	6	8	5
1	9	3	5	2	7	8	4	6
4	6	5	8	1	3	9	7	2
8	7	2	9	4	6	1	5	3

60.

6	5	3	7	1	2	4	9	8
7	2	1	8	9	4	6	5	3
4	8	9	5	6	3	7	2	1
1	7	2	4	8	6	5	3	9
8	9	5	3	2	7	1	6	4
3	6	4	1	5	9	8	7	2
9	4	8	2	7	5	3	1	6
5	3	6	9	4	1	2	8	7
2	1	7	6	3	8	9	4	5

61.

1	3	6	4	2	7	5	8	9
2	8	9	3	5	1	4	6	7
4	5	7	6	8	9	1	2	3
6	4	2	5	9	3	7	1	8
3	7	8	1	4	2	6	9	5
5	9	1	7	6	8	2	3	4
8	1	4	2	3	5	9	7	6
9	2	5	8	7	6	3	4	1
7	6	3	9	1	4	8	5	2

62.

5	1	3	6	7	8	4	2	9
4	7	8	2	5	9	3	6	1
2	6	9	1	3	4	5	7	8
6	4	5	8	1	7	9	3	2
3	8	2	9	6	5	1	4	7
1	9	7	4	2	3	6	8	5
7	3	4	5	8	1	2	9	6
8	2	1	3	9	6	7	5	4
9	5	6	7	4	2	8	1	3

63.

3	5	4	6	7	8	2	1	9
7	8	9	2	5	1	3	4	6
6	1	2	3	4	9	5	7	8
1	3	6	7	2	4	9	8	5
2	4	7	8	9	5	1	6	3
5	9	8	1	3	6	4	2	7
4	6	3	5	8	2	7	9	1
8	2	5	9	1	7	6	3	4
9	7	1	4	6	3	8	5	2

64.

9	8	5	1	2	3	4	6	7
6	2	4	5	7	8	3	1	9
3	7	1	4	6	9	2	5	8
7	1	2	3	8	5	9	4	6
4	3	8	9	1	6	5	7	2
5	6	9	2	4	7	1	8	3
1	9	6	7	5	2	8	3	4
2	4	7	8	3	1	6	9	5
8	5	3	6	9	4	7	2	1

65.

3	2	4	6	7	8	5	1	9
7	8	9	4	1	5	2	3	6
1	5	6	2	3	9	4	7	8
2	4	1	3	8	6	7	9	5
9	6	7	5	2	4	3	8	1
5	3	8	1	9	7	6	2	4
4	1	2	8	5	3	9	6	7
6	7	3	9	4	1	8	5	2
8	9	5	7	6	2	1	4	3

66.

3	4	2	6	7	1	5	8	9
8	9	1	5	2	4	3	6	7
5	6	7	3	8	9	1	2	4
6	1	5	8	3	7	9	4	2
2	3	8	4	9	5	6	7	1
4	7	9	2	1	6	8	3	5
1	5	3	7	6	2	4	9	8
7	8	4	9	5	3	2	1	6
9	2	6	1	4	8	7	5	3

67.

1	5	4	3	2	6	7	8	9
2	3	7	1	8	9	4	5	6
6	8	9	4	5	7	2	3	1
5	7	1	8	6	2	9	4	3
3	2	6	9	7	4	5	1	8
4	9	8	5	3	1	6	2	7
7	1	3	6	4	5	8	9	2
8	4	2	7	9	3	1	6	5
9	6	5	2	1	8	3	7	4

68.

3	4	6	5	7	8	9	1	2
5	2	1	3	4	9	6	7	8
7	8	9	1	2	6	3	4	5
4	3	5	7	6	1	2	8	9
9	6	2	8	5	4	7	3	1
8	1	7	2	9	3	4	5	6
1	5	4	6	3	2	8	9	7
2	7	3	9	8	5	1	6	4
6	9	8	4	1	7	5	2	3

69.

6	1	3	4	2	5	7	8	9
2	7	8	3	6	9	4	1	5
4	5	9	7	1	8	2	3	6
5	4	6	8	3	2	9	7	1
1	8	2	6	9	7	5	4	3
3	9	7	5	4	1	6	2	8
8	2	4	9	5	3	1	6	7
9	3	1	2	7	6	8	5	4
7	6	5	1	8	4	3	9	2

70.

4	2	1	6	3	8	7	5	9
3	5	6	9	1	7	4	2	8
7	8	9	4	2	5	1	3	6
6	7	3	8	5	4	2	9	1
9	4	5	2	7	1	8	6	3
2	1	8	3	6	9	5	7	4
5	3	7	1	4	6	9	8	2
8	6	4	5	9	2	3	1	7
1	9	2	7	8	3	6	4	5

71.

8	1	7	6	2	3	4	5	9
2	4	3	7	9	5	6	8	1
5	6	9	4	8	1	2	3	7
3	2	6	5	7	8	9	1	4
7	8	5	1	4	9	3	2	6
1	9	4	2	3	6	5	7	8
4	7	8	3	6	2	1	9	5
6	3	1	9	5	7	8	4	2
9	5	2	8	1	4	7	6	3

72.

4	3	5	1	6	7	8	2	9
6	7	1	8	2	9	3	4	5
8	2	9	3	4	5	6	7	1
5	6	3	2	8	4	1	9	7
9	1	4	7	5	3	2	6	8
2	8	7	6	9	1	4	5	3
3	4	6	9	7	8	5	1	2
1	9	2	5	3	6	7	8	4
7	5	8	4	1	2	9	3	6

World's Hardest Killer Sudoku by www.djape.net

73.

4	1	5	2	6	3	7	8	9
6	2	3	7	8	9	4	5	1
7	8	9	1	4	5	2	3	6
5	3	1	4	7	6	8	9	2
8	7	4	9	2	1	3	6	5
2	9	6	3	5	8	1	4	7
3	5	7	6	1	4	9	2	8
1	4	8	5	9	2	6	7	3
9	6	2	8	3	7	5	1	4

74.

1	5	6	3	7	8	2	4	9
4	3	9	2	1	5	6	7	8
2	7	8	4	6	9	3	1	5
3	6	2	7	5	4	8	9	1
9	4	5	8	2	1	7	3	6
7	8	1	9	3	6	4	5	2
6	1	3	5	4	2	9	8	7
8	2	7	1	9	3	5	6	4
5	9	4	6	8	7	1	2	3

75.

1	5	7	2	6	4	3	8	9
3	6	9	7	8	5	4	2	1
2	4	8	1	3	9	5	6	7
4	8	5	3	2	7	9	1	6
7	3	1	9	5	6	2	4	8
6	9	2	4	1	8	7	3	5
5	2	3	6	7	1	8	9	4
8	1	4	5	9	2	6	7	3
9	7	6	8	4	3	1	5	2

76.

5	6	7	2	3	4	1	8	9
3	4	8	7	1	9	5	2	6
2	1	9	5	6	8	3	4	7
6	2	5	9	4	7	8	1	3
4	7	1	8	5	3	6	9	2
9	8	3	1	2	6	4	7	5
7	9	4	3	8	5	2	6	1
8	3	2	6	7	1	9	5	4
1	5	6	4	9	2	7	3	8

77.

8	3	1	5	2	4	6	7	9
4	5	2	6	7	9	1	3	8
6	7	9	3	8	1	4	2	5
2	4	5	7	1	6	8	9	3
7	8	3	4	9	5	2	6	1
9	1	6	2	3	8	5	4	7
3	6	7	8	5	2	9	1	4
1	2	8	9	4	3	7	5	6
5	9	4	1	6	7	3	8	2

78.

3	8	4	6	1	2	5	7	9
6	5	7	3	4	9	1	2	8
1	2	9	5	7	8	3	4	6
4	6	2	7	5	3	9	8	1
7	3	5	8	9	1	2	6	4
9	1	8	2	6	4	7	3	5
2	4	1	9	3	6	8	5	7
5	9	3	4	8	7	6	1	2
8	7	6	1	2	5	4	9	3

79.

9	7	2	3	4	5	6	8	1
4	1	3	6	8	9	2	5	7
5	6	8	2	7	1	3	4	9
2	4	6	8	1	3	9	7	5
1	3	9	5	6	7	4	2	8
7	8	5	4	9	2	1	3	6
3	5	7	9	2	6	8	1	4
6	2	4	1	5	8	7	9	3
8	9	1	7	3	4	5	6	2

80.

7	6	4	5	3	8	2	1	9
8	3	5	2	9	1	4	6	7
9	1	2	4	6	7	3	5	8
1	7	3	6	5	2	8	9	4
2	5	6	9	8	4	7	3	1
4	9	8	7	1	3	5	2	6
3	4	7	1	2	6	9	8	5
5	2	1	8	4	9	6	7	3
6	8	9	3	7	5	1	4	2

81.

3	4	2	5	6	1	7	8	9
1	8	9	2	3	7	4	5	6
5	6	7	4	8	9	2	1	3
4	1	5	8	2	6	3	9	7
7	3	6	1	9	4	5	2	8
2	9	8	3	7	5	6	4	1
6	7	1	9	4	2	8	3	5
9	2	3	6	5	8	1	7	4
8	5	4	7	1	3	9	6	2

82.

5	6	1	7	2	4	3	8	9
2	3	4	8	9	1	5	6	7
7	8	9	3	5	6	1	2	4
6	1	2	4	3	9	7	5	8
4	5	3	2	7	8	9	1	6
9	7	8	6	1	5	2	4	3
3	4	5	9	6	2	8	7	1
1	9	6	5	8	7	4	3	2
8	2	7	1	4	3	6	9	5

83.

9	1	2	3	4	5	6	7	8
3	4	5	6	7	8	2	1	9
6	7	8	9	1	2	3	4	5
4	5	3	7	2	1	8	9	6
1	2	9	4	8	6	5	3	7
7	8	6	5	3	9	1	2	4
2	3	4	8	6	7	9	5	1
5	6	7	1	9	3	4	8	2
8	9	1	2	5	4	7	6	3

84.

8	5	1	3	2	4	6	7	9
4	2	6	7	8	9	5	3	1
3	7	9	1	5	6	4	2	8
6	1	5	8	3	2	7	9	4
2	8	3	4	9	7	1	6	5
7	9	4	6	1	5	2	8	3
1	4	8	2	6	3	9	5	7
5	3	2	9	7	1	8	4	6
9	6	7	5	4	8	3	1	2

World's Hardest Killer Sudoku by www.djape.net

85.
```
7 1 2 3 8 9 4 5 6
3 4 5 1 6 7 2 8 9
6 8 9 2 4 5 3 1 7
8 3 4 6 5 1 7 9 2
2 5 6 9 7 8 1 4 3
1 9 7 4 2 3 5 6 8
5 6 3 8 1 2 9 7 4
4 2 1 7 9 6 8 3 5
9 7 8 5 3 4 6 2 1
```

86.
```
5 1 4 3 2 6 7 8 9
3 2 7 1 8 9 4 5 6
6 8 9 4 5 7 2 1 3
7 5 3 6 9 4 1 2 8
2 6 8 5 3 1 9 4 7
4 9 1 2 7 8 3 6 5
8 3 5 7 1 2 6 9 4
9 4 2 8 6 3 5 7 1
1 7 6 9 4 5 8 3 2
```

87.
```
1 7 5 6 2 3 4 8 9
2 3 4 8 9 1 5 6 7
6 8 9 4 5 7 3 2 1
5 1 2 7 4 8 9 3 6
8 4 3 9 6 5 7 1 2
9 6 7 1 3 2 8 4 5
3 5 8 2 1 9 6 7 4
4 9 1 3 7 6 2 5 8
7 2 6 5 8 4 1 9 3
```

88.
```
3 4 1 5 7 8 6 2 9
2 8 9 6 4 1 3 5 7
5 6 7 2 3 9 1 4 8
6 3 4 7 8 2 5 9 1
1 2 5 3 9 6 7 8 4
7 9 8 1 5 4 2 3 6
4 5 2 8 6 7 9 1 3
8 7 3 9 1 5 4 6 2
9 1 6 4 2 3 8 7 5
```

89.
```
3 4 7 5 6 8 2 1 9
5 6 8 1 2 9 3 4 7
1 2 9 3 4 7 5 6 8
4 8 5 6 1 2 9 7 3
9 7 1 8 5 3 4 2 6
2 3 6 7 9 4 8 5 1
6 5 2 9 3 1 7 8 4
7 1 3 4 8 5 6 9 2
8 9 4 2 7 6 1 3 5
```

90.
```
6 7 9 4 1 8 3 2 5
4 1 2 5 3 9 7 6 8
3 5 8 7 6 2 9 1 4
2 9 3 6 5 1 4 8 7
1 8 7 2 9 4 6 5 3
5 4 6 3 8 7 2 9 1
8 6 4 9 7 5 1 3 2
9 2 1 8 4 3 5 7 6
7 3 5 1 2 6 8 4 9
```

91.
```
6 8 1 7 2 4 3 5 9
4 2 9 5 3 1 6 7 8
3 5 7 6 8 9 4 1 2
1 3 6 4 7 2 8 9 5
8 4 5 1 9 6 7 2 3
9 7 2 3 5 8 1 4 6
2 9 3 8 4 7 5 6 1
5 6 4 2 1 3 9 8 7
7 1 8 9 6 5 2 3 4
```

92.
```
3 5 4 6 7 8 1 2 9
6 9 1 2 3 4 5 7 8
2 7 8 1 5 9 3 4 6
4 3 2 8 9 1 7 6 5
1 6 7 3 4 5 9 8 2
5 8 9 7 2 6 4 1 3
7 1 3 5 6 2 8 9 4
9 2 5 4 8 7 6 3 1
8 4 6 9 1 3 2 5 7
```

93.
```
7 2 3 5 8 9 4 1 6
6 8 9 1 2 4 3 5 7
4 5 1 3 6 7 8 2 9
5 3 6 8 1 2 7 9 4
2 4 7 6 9 3 5 8 1
1 9 8 4 7 5 2 6 3
8 6 4 2 3 1 9 7 5
3 7 2 9 5 6 1 4 8
9 1 5 7 4 8 6 3 2
```

94.
```
8 5 1 4 7 9 3 2 6
2 7 9 6 1 3 4 5 8
3 4 6 2 5 8 7 9 1
4 2 5 9 3 1 6 8 7
6 3 7 5 8 4 2 1 9
9 1 8 7 2 6 5 3 4
5 6 3 1 9 7 8 4 2
7 9 2 8 4 5 1 6 3
1 8 4 3 6 2 9 7 5
```

95.
```
8 1 2 4 5 9 3 6 7
6 7 9 2 1 3 4 5 8
3 4 5 6 7 8 2 1 9
1 6 7 3 2 4 8 9 5
9 3 4 5 8 6 1 7 2
2 5 8 1 9 7 6 3 4
5 8 1 7 3 2 9 4 6
7 2 6 9 4 1 5 8 3
4 9 3 8 6 5 7 2 1
```

96.
```
5 2 1 3 6 4 7 8 9
7 8 9 5 1 2 3 4 6
3 4 6 7 8 9 1 2 5
6 5 3 8 2 1 9 7 4
2 7 4 6 9 3 5 1 8
1 9 8 4 5 7 2 6 3
4 1 2 9 3 6 8 5 7
8 3 7 2 4 5 6 9 1
9 6 5 1 7 8 4 3 2
```

World's Hardest Killer Sudoku   by www.djape.net

97.

2	1	7	3	4	5	6	8	9
5	3	4	6	8	9	1	2	7
6	8	9	1	2	7	3	4	5
3	5	2	7	1	4	8	9	6
9	4	6	8	3	2	5	7	1
1	7	8	5	9	6	2	3	4
4	6	1	2	7	3	9	5	8
7	2	5	9	6	8	4	1	3
8	9	3	4	5	1	7	6	2

98.

4	5	6	2	1	3	7	8	9
2	3	9	4	7	8	5	1	6
7	1	8	5	6	9	2	3	4
3	6	2	1	4	7	8	9	5
5	8	4	9	3	2	1	6	7
1	9	7	6	8	5	3	4	2
6	2	1	3	5	4	9	7	8
9	7	3	8	2	6	4	5	1
8	4	5	7	9	1	6	2	3

99.

6	1	4	7	5	9	8	2	3
7	5	2	1	3	8	6	4	9
3	8	9	6	4	2	7	1	5
4	6	3	8	1	5	2	9	7
5	2	1	9	7	6	3	8	4
9	7	8	4	2	3	5	6	1
1	4	6	5	8	7	9	3	2
2	9	7	3	6	1	4	5	8
8	3	5	2	9	4	1	7	6

100.

7	5	6	3	1	2	4	8	9
3	1	4	7	8	9	2	5	6
2	8	9	4	5	6	1	3	7
4	6	7	5	2	8	9	1	3
8	2	5	9	3	1	7	6	4
9	3	1	6	4	7	5	2	8
5	4	2	8	7	3	6	9	1
1	9	3	2	6	4	8	7	5
6	7	8	1	9	5	3	4	2

World's Hardest Killer Sudoku by www.djape.net

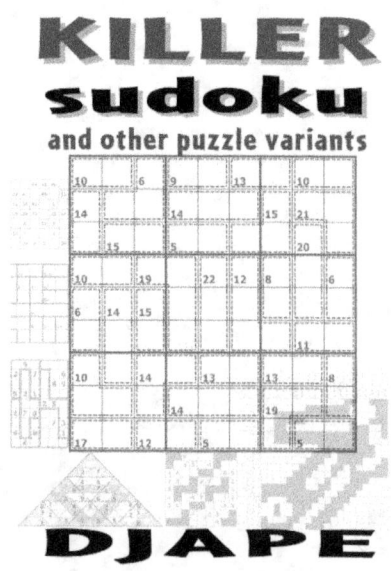

www.ingramcontent.com/pod-product-compliance
Lightning Source LLC
Chambersburg PA
CBHW071208220526
45468CB00002B/540